水电厂发电机组
优化检修策略研究

刘定友　编著

黄河水利出版社
·郑州·

图书在版编目(CIP)数据

水电厂发电机组优化检修策略研究/刘定友编著.—郑州:黄河水利出版社,2014.5

ISBN 978-7-5509-0801-7

Ⅰ.①水… Ⅱ.①刘… Ⅲ.①水力发电站-发电机组-检修-研究Ⅳ.①TV734.2

中国版本图书馆CIP数据核字(2014)第097223号

出 版 社:黄河水利出版社

地址:河南省郑州市顺河路黄委会综合楼14层　　邮政编码:450003

发行单位:黄河水利出版社

发行部电话:0371-66026940、66020550、66028024、66022620(传真)

E-mail:hhslcbs@126.com

承印单位:黄河水利委员会印刷厂

开本:787 mm×1 092 mm　1/16

印张:5.125

字数:148千字　　印数:1—1000

版次:2014年5月第1版　　印次:2014年5月第1次印刷

定价:19.00元

序 言

电力市场环境下，厂网分开，各水电厂商成为独立的经济实体，其包括检修在内的机组运行策略是以其效益最大化为目标安排的。传统的定期检修模式，虽在一定程度上保证了机组安全运行，但可能造成过维修或欠维修；而基于机组运行状态测量与诊断的状态检修模式，虽然根据其元部件的运行状况确定了机组的检修方案，提高了运行可靠性，但并未考虑市场电价因素影响，不符合电力工业市场化改革的需求。本书在介绍设备检修有关基础知识的基础上，结合计划检修和状态检修模式，提出了市场环境下基于水电机组监测状态的优化检修策略，保证了水电厂商的效益最优和机组的可靠运行。

首先，基于故障树方法对水电机组的故障模式进行分析，确定导致其故障的最小割集，即得到待监测的元件，从而确定相关监测设备及安装地点。根据监测设备在每一个时段所得的机组的运行参数，确定其运行状态。基于此，判断各机组是否需要检修维护，即是否能继续可靠运行，若需要检修则立即停运、维护该机组，若不需要则根据所得的运行参数，采用故障树和最小割集方法估计各机组停机风险系数，该系数将用于该时段的机组检修规划模型中。

其次，对于可继续运行的机组来说，根据其停机风险系数，考虑市场电价后，分析其检修/故障停运后各时段内水电厂商的成本/效益水平，包括目前市场的售电效益、机组故障所引起的风险损失和检修成本，并以规划期的经济效益最优确定机组检修安排，根据该模型特点，采用遗传算法和线性规划方法相结合的方法进行求解。

上述两步骤中，前者隶属于状态检修思想，后者隶属于考虑了机组运行状态的规划检修模块。与传统规划模型只须经一次计算不同，该优化检修策略采用迭代规划思想，在每个时段均根据其状态监测情况分别进行状态检修判断和规划检修判断，从而保证所得检修计划既能确保水电厂商机组可靠运行，又考虑了市场电价影响，在售电效益和相关成本之间取得了均衡。最后，以小浪底水力发电厂 6 台机组在一年内的检修安排为例，说明了本书所提优化检修模型的有效性和可行性。

本书涉及的领域正在不断发展，书中难免存在不足之处，恳请读者批评指正。

编著者

2014 年 3 月

目　录

序　言 …………………………………………………………… (1)
第 1 章　概述 …………………………………………………………… (1)
1.1　发电设备检修体制的演变 ……………………………………… (1)
1.2　发电设备状态检修 ……………………………………………… (29)
第 2 章　发电设备状态检修的实施 ………………………………… (44)
2.1　实施方案 ………………………………………………………… (44)
2.2　实施步骤 ………………………………………………………… (50)
2.3　支持系统 ………………………………………………………… (52)
第 3 章　发电设备状态检修管理 …………………………………… (54)
3.1　基本原则 ………………………………………………………… (54)
3.2　基础管理 ………………………………………………………… (55)
3.3　技术组织 ………………………………………………………… (71)
3.4　发电设备状态检修管理 ………………………………………… (76)
第 4 章　发电设备状态的监测方法和故障诊断方法 ……………… (88)
4.1　发电设备状态的监测 …………………………………………… (88)
4.2　故障诊断方法 …………………………………………………… (92)
4.3　发电设备故障诊断 ……………………………………………… (97)
第 5 章　发电设备检修规划模型 …………………………………… (100)
5.1　传统环境下机组检修规划模型 ………………………………… (100)
5.2　市场环境下发电厂商的检修策略 ……………………………… (102)
第 6 章　水电机组状态检修分析 …………………………………… (106)
6.1　水电机组监测对象的确定 ……………………………………… (106)
6.2　机组状态检修所需的关键技术 ………………………………… (113)
6.3　机组故障分析 …………………………………………………… (120)

第7章　市场环境下水电机组优化检修模型 …………………… (124)
7.1　水电机组优化检修策略 ………………………………… (125)
7.2　水电机组检修规划模型 ………………………………… (127)
第8章　优化检修策略的应用 ………………………………… (140)
8.1　状态监测系统 ……………………………………………… (140)
8.2　小浪底水电机组优化检修规划应用 …………………… (144)
附　录 ……………………………………………………………… (151)
参考文献 ………………………………………………………… (155)

第1章 概 述

1.1 发电设备检修体制的演变

1.1.1 设备检修体制的演变

随着生产力的发展、科学技术的进步,设备检修体制伴随产业革命不断演变。它在很大程度上反映出生产力发展水平和技术管理水平的高低。工业发展从手工作坊到机械化再到电气化,各个时期的设备管理与检修方式发生了很大变化,总体而言,可分为四个阶段。第一个阶段是第一次产业革命时期,对设备实行事后维修,运行人员同时又是检修人员。第二个阶段是第二次产业革命时期,开始实行预防性计划检修,检修人员从生产中逐步分离出来,形成相对独立的专业工种,专业性的检修队伍逐渐形成。第三个阶段是第三次产业革命时期,以经济效益为中心的检修理念逐步推行,围绕设备寿命周期费用的研究逐步在设备管理中得到应用。第四个阶段是第四次产业革命时期,随着设备状态监测和故障诊断技术的推广,基于设备状态的检修开始盛行。设备检修方式的演变过程见表1-1 。

表1-1 设备检修方式的演变过程

检修方式	时间	产业革命	生产状况	设备管理情况	国内设备管理情况
事后维修	18世纪	1760年第一次产业革命(以蒸汽机为代表)	手工业生产方式进入大规模工业化生产阶段	有了动力设备,开始有保养维修工作。一般运行人员兼顾维修并凭经验进行。对设备进行事后维修,坏了就修,不坏不修。属于传统经验管理,是早期设备管理的一种主要形式	国内的工业发展基本上是空白,设备维护和维修是简单的事后维修

续表 1-1

检修方式	时间	产业革命	生产状况	设备管理情况	国内设备管理情况
预防检修	19世纪到20世纪30年代	1870年第二次产业革命(以电力应用为代表)	开始实行电气化,重工业体系逐渐建立,有了流水生产线,商品大量成批生产	管理工作专业化,借助事先制定的科学程序和标准对工业生产分配过程进行控制和调节,用经济的方法来维持生产秩序和管理,在工业设备维修和管理中逐步推行预防性的定期检修制度	国内开始有了民族工业的萌芽,在设备的管理和维修方面基本上学习当时西方国家的方式
经济检修	20世纪40年代到80年代	1942年至1980年,第三次产业革命(以原子能、空间技术、电子计算机技术为代表)	建立了以先进的科学技术和生产高度社会化为特征的现代工业。新兴工业和企业在国民经济中占有越来越高的比重,设备管理人员比重逐步增加	进入现代化管理阶段。开始有了设备寿命周期评价,产生了设备综合工程学、维修工程学等学科,维修组织向集中化发展。对设备实行检修的手段有预防检修、改进检修、检修预防等,对不重要的设备采用事后维修	国内从20世纪50年代开始,学习苏联实行统一的预防性计划检修制度,以后在总结实践经验的基础上,逐步形成一种预防性的定期保养和计划检修制度
状态检修	20世纪80年代至今	第四次产业革命(以信息技术的快速发展为代表)	生产向集约化发展,实现高度自动化和信息化,并向智能化大系统管理和控制自动化发展,电子计算机广泛应用并向巨型、微型、网络、智能方向发展	科学技术领域同时向着分化和综合方向发展,设备事故影响重大,因此对设备管理不仅有各种理论作为指导,而且有监测和诊断的科学技术手段作为基础对设备进行状态检修。设备管理也向着社会化、专业化、国际化发展。出现了运行人员参与检修的趋势	在总结国内几十年来设备管理经验的同时,借鉴国外现代设备管理方面的先进经验,确定应用诊断技术进行状态检修为设备检修的发展方向,进行广泛的试点总结和推广,为探索有中国特色的现代化设备管理进行尝试

在检修体制演变的过程中，出现了各种追求不同具体目标的检修方式。由于行业的差异、设备管理要求的不同，检修方式也是千差万别。但从检修体制的角度分析，总体而言有四种检修体制，即事后维修、预防性计划检修、改进性检修和状态检修，如图 1-1 所示。这四种检修体制虽有所差异，但并不矛盾，也不是孤立存在的，基于不同的时期和不同的管理要求，它们是可以共存的。

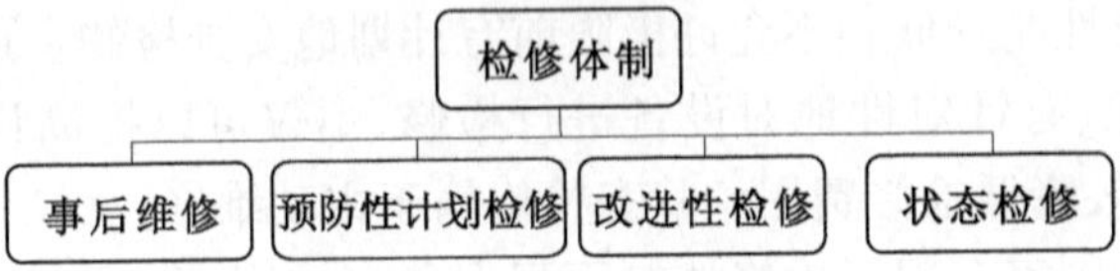

图 1-1　基本检修体制

事后维修（Break-down Maintenance）又称为故障维修，是在设备功能失效或发生故障时不得不进行的非计划性检修。按照企业的管理理念，事后维修一般用于对生产影响小的设备、非重点设备、有冗余配置的设备或采用其他检修方式无法实施的设备。这种维修方式属于被动维修。

预防性计划检修（Time-Based Maintenance）又称为计划检修，是一种按照时间计算确定设备是否检修的预防检修方式。这种检修适合于已知设备磨损规律的设备，以及难以随时停机进行检修的流程工艺、自动生产线设备。它是根据设备磨损的统计规律或经验，在平常工作中总结出检修种类、检修内容、检修周期、物资消耗等规律的检修方式。这种维修方式属于缺乏先进手段下的主动维修。

改进性检修（Corrective Maintenance）是一种主动行为，目的是消除设备的制造、安装等中的先天性缺陷或运行中发现的问题，对设备进行针对性的改进或调整，利用合适的时间结合检修过程实施的检修方式。改进性检修与技术改造的目的是一样的，但工作对象存在不同。改进性检修是通过改进和提高设备的可靠性、维修性来提高设备的可用率，严格说来，它并不是一种检修体制。技术改造针对补偿设备的无形磨损，通过检查和修理实践，对设备易出故障的薄弱环节进行改进，改善设备的技术性能，提高可用率。

状态检修（Condition-Based Maintenance）又称预知维修(Predictive Maintenance)，是一种以设备状态为基础、以预测设备状态发展趋势为依据的检修方式。状态检修是从预防性计划检修发展而来的更高层次的检修体制。状态检修的实施是通过对设备的日常巡检、定期重点检查与试验、在线状态监测信息和故障诊断信息的收集，经过分析处理，综合判断设备的健康状况和性能劣化状况及其发展趋势，并在设备故障发生前及性能降低到不允许极限前有计划地安排检修。这种检修方式能及时地、有针对性地对设备进行检修，不仅可以提高设备的可用率，还能有效降低检修费用。状态检修属于主动维修。

不同的国家在现行检修体制下根据各自的国情，采用多样化的设备检修方式，如表 1-2 所示。如前所述，每种检修体制都包含有多种检修方式，而有一些检修方式又不止出现在一种检修体制中。表 1-2 中列出的检修方式都是指具体方式。

表 1-2　设备检修方式汇总

<table>
<tr><td rowspan="15">设备管理检修方式</td><td colspan="2">事后维修、故障维修</td></tr>
<tr><td colspan="2">预防检修、计划检修、定期检修</td></tr>
<tr><td colspan="2">视情维修</td></tr>
<tr><td colspan="2">改进性检修</td></tr>
<tr><td rowspan="3">设备综合管理</td><td>规划设计</td></tr>
<tr><td>制造安装</td></tr>
<tr><td>生产运行检修</td></tr>
<tr><td colspan="2">以可用率为中心的检修</td></tr>
<tr><td colspan="2">全员检修</td></tr>
<tr><td colspan="2">按寿命周期成本最小检修</td></tr>
<tr><td colspan="2">适应性检修</td></tr>
<tr><td colspan="2">以可靠性为中心的检修</td></tr>
<tr><td colspan="2">可靠性维修</td></tr>
<tr><td colspan="2">状态检修、预知维修</td></tr>
</table>

美国源于军事工程所发展起来的后勤工程学，是关于生产设备和

物料的存储、供给、运输、修理、维护的新兴学科，它对设备管理现代化起了推动作用，设备寿命周期费用就是后勤工程学研究的重要问题，对检修方式产生了革命性的影响。

美国普遍推行的检修体制是以生产为中心，为生产服务的生产检修体制，概括起来，有以下几种检修方式：

(1)检修预防(Maintenance Preventing，简称 MP)。检修预防是一种前置思想，主要是在设计制造阶段就认真考虑设备的可靠性和维修性问题，从设计、生产环节提高设备质量和工艺水平，从根本上防止故障和事故的发生，减少和避免检修。

(2)事后维修(Break-down Maintenance ，简称 BM)。事后维修就是当设备发生故障或者性能低下后再进行修理，其特点是设备的维修费用最低，适合于辅助作业线的简单设备。

(3)改进检修(Corrective Maintenance ，简称 CM)。改进检修是指对设备先天性缺陷或频发故障，按照当前设备技术水平和发展趋势进行检修，从根本上消除设备缺陷，以提高设备的技术性和可用率。

(4)预防检修(Preventive Maintenance ，简称 PM)。预防检修是指根据设备的运转周期和使用频率而制定的提前进行设备现状确认的维修方式。预防检修的重点在于对设备运行周期的理解和使用频率的监控。数据的计量一般需要很准确，此种维护方式多用于易损件的处理。对于易损高耗品必须建立预防检修模式，否则必然会出现突发性停机、停车事故，不利于安全连续性生产的运行。越来越多的公司和机构开始关注设备在线检测、快速维修等技术。预防检修为设备管理提供了更多先进维修维护手段，保证了设备安全生产，提高了企业综合经济效益。预防检修是建立在设备检查基础上的，根据设备运行状况决定是否检修的一种方式。

(5)预知维修。预知维修是以设备状态监测(振动监测、油样分析、声发射分析、微粒分析、腐蚀监测)和预测为基础的一种维修方式，是维修方式的一种高级发展形式。

结合多种维修方式，现正在逐步推行的一种检修方式是状态检修。

苏联的检修体制以计划预修制为主，强调以技术维护为主、检修规范化以及检修的集中化和专业化。检修方式主要有检查后修理、标准修理和定期修理三种。苏联的检修体制对我国检修体制产生了比较重要的影响。

根据设备性质的不同,德国的检修体制细分为两种,即粗放型检修和集约型检修。粗放型检修采用的方式是事后维修,考虑的因素是不追求设备潜力的充分利用和使用寿命的延长,适用的主要对象是设计使用寿命较短、故障后果较小及经济磨损快于其技术磨损的设备。集约型检修采用预防检修的方式,目标是充分发挥设备潜力,尽可能延长设备使用寿命,主要适用于自动化程度高、价格昂贵、关键流程设备及工艺和技术进步缓慢的设备。

20 世纪 80 年代后,计算机技术、行为科学、系统工程、现代管理科学等在瑞典的检修科学和实践中得到广泛应用,企业从设备管理的角度出发,从过去单纯追求技术效果到以经济指标为中心的检修理念逐步形成,人们更多地采用社会化、专业化的检修,检修技术也更加先进,事后维修、预防检修和状态检修普遍推广。

在设备综合工程学的指导下,英国根据全寿命费用优化的原则,强调设备综合管理,把检修融入设备整个寿命周期管理中,安排采用合适的检修方式。

法国的检修体制采用预防检修为主、状态检修为辅的检修方式,重点设备实行点检管理。

事实上,综合的检修方式在欧洲联盟得到发展。随着欧洲联盟交往的深入,欧洲各个国家的设备检修和管理理念得以相互交流、借鉴,每两年一届的欧洲维修团体联盟国会议更加速了同化过程。意大利、瑞士等以追求设备可靠性、可用率以及运行检修费用最小为核心,也都从设备综合管理的角度来组织设备检修,采用的检修方式也都是综合的方式。

日本主要推行全员生产维修(TPM)体制,具有鲜明的日本管理特色。全员生产维修体制有丰富的理论基础,是各种现代管理方法在企业生产中的综合应用(见图 1-2)。全员生产维修体制的主要思想包括:

(1)企业的管理层和一线职工全体参加全员生产维修体制;

(2)与生产相关的计划、运行、检修等所有部门的管理活动都要参加全员生产维修体制；

(3)目标是追求设备综合效率最高；

(4)方式是采用确保设备一直处于正常工作状态的预防检修；

(5)手段是通过开展基层小组活动来主动推进生产检修。

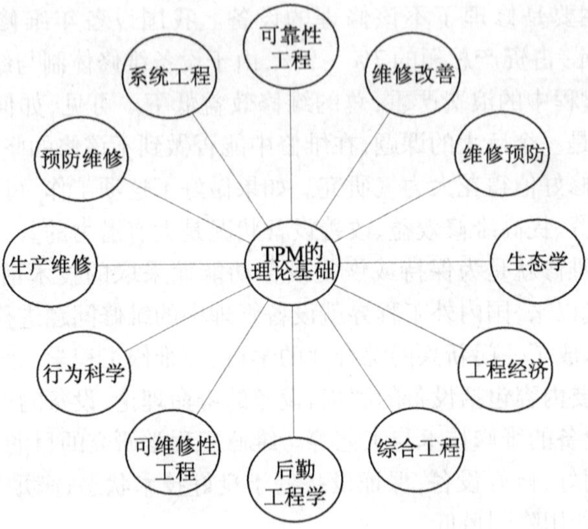

图 1-2　日本全员生产维修体制的理论基础

1.1.2　设备维修基本问题

随着社会生产力的不断发展和技术的进度，大型化、复杂化、网络化设备日益剧增，各种维修体制和检修方式也在不断变化。现代设备，特别是大型设备，一旦出现故障，对人类的影响以及造成的损失是巨大的，如航天失控、飞机故障、核电站泄漏等。发电设备也正是属于这类对经济和社会影响巨大的机电设备。比如 2009 年 8 月 17 日，俄罗斯萨扬 - 舒申斯克水力发电厂发生水淹厂房事故，共造成 75 人死亡，13 人受伤，大面积停电，经济损失 15 亿元人民币，电站修复至少需要 5 年时间。俄罗斯紧急事务部长萧依古称，“这是过去 25 年来的最重大科技灾难，在很多方面都是最巨大的——损害规模、能源工业损失以及经济损失”。我国机电设备在生产运行中也发生过多起事故。因此，为了避免或减少损失、增加社会财富，各国耗费大量的人力、物力和财力进行设备维修。目前，世界各国每年用于设备维修的费用都相当惊人。据美国统计局公布，美国1980年全年税收7 500亿美元，用于工业设备维修的费用有约2 500亿美元，且其中至少750亿维修费用属于浪费性质，主要是修理了不该修理的设备。我国设备年维修费用约为800多亿元，占资产总额的7%～9%，由于设备维修体制与维修手段落后，维修过程中的浪费严重，总的维修效益低下。可见，如何做好设备维修工作是一个巨大的课题，在维修中能否做到不该修的坚决不修，该修则务必修好值得花大力气研究。如果做好了这项工作，可想而知，节约维修投资、提高维修效益、改善设备状况是大有潜力的。

设备维修就是为保持或恢复设备功能而采取的技术活动。20世纪70年代以来，国内外工程界就设备管理中的维修问题进行了大量研究，逐渐形成了一门新兴的综合性的学科，即维修工程学。维修工程学研究的主要内容包括设备的磨损、设备的寿命理论、设备的可靠性和维修理论、设备的维修技术与工艺等。维修工程学研究的目的，是通过维修管好、用好、修好设备，保证设备处于良好技术状态，满足生产需要，并使维修费用降到最低。

1.1.2.1 设备的寿命理论

设备是有寿命的。通常意义上讲，从开始设计到最终报废所经历的时间就是设备的寿命。设备的寿命可用诸如日、月、年等时间概念来描述，也可用循环次数、载荷周期、损伤累积等来描述。

设备的寿命取决于多种因素，设计、制造和工作环境，运行操作和日常保养、维修水平及对磨损的补偿等都对设备的寿命有至关重要的影响。维修工程学关心设备寿命与维修的关系，对设备寿命进行科学评价。要想实现这个目标，通常需要借助试验和检测手段来进行，通过观察设备金属组织结构和了解设备磨损情况予以综合分析判断。维修工程学对寿命问题的研究主要是围绕以下内容进行：

（1）研究延长设备的使用寿命的维修方法。

（2）科学预测设备剩余寿命，合理安排检修计划。

(3)有效控制设备寿命周期费用。

1.1.2.2 设备的磨损

无论是在使用过程中还是在闲置期间,设备都必然会产生磨损。根据磨损性质的不同,磨损可以分为有形磨损、无形磨损和综合磨损三种。针对不同的磨损情况,可以通过采取修理、改造或更新等办法进行处理。

1. 有形磨损

设备由于运行中机械力或外界自然力的作用而实际产生的损耗和磨损叫作有形磨损或物质磨损。有形磨损可分为第一种有形磨损和第二种有形磨损。

第一种有形磨损,是设备在运转过程中因受力的作用,零部件会发生摩擦、振动和疲劳等现象,致使设备的实体产生磨损。

第二种有形磨损,是设备在闲置过程中,由于受自然力的作用而产生氧化生锈、腐蚀,自然丧失精度和工作能力等。

设备有形磨损带来的后果:技术方面,使设备的使用价值降低,严重时甚至可使设备完全丧失使用价值;经济方面,使设备原始价值降低,甚至完全贬值。

在设备的整个寿命周期内,随着使用时间的推移,设备的磨损速度和程度是不平衡的,一般分为三个阶段,即初期磨损、正常磨损和剧烈磨损,可用图 1-3 所示的关系曲线来表示。

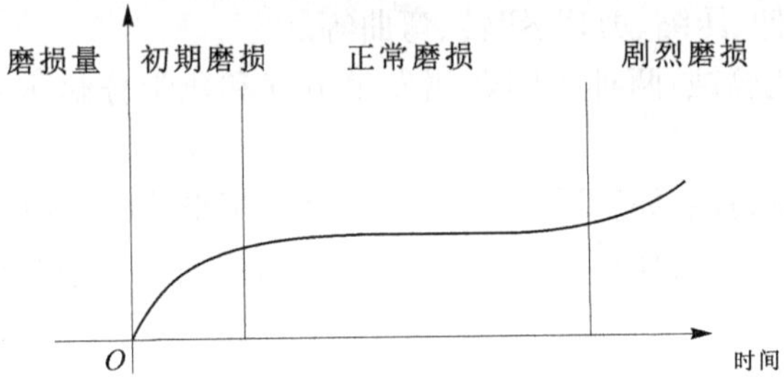

图 1-3　设备磨损与时间的关系

初期磨损指设备在开始投产使用后,零件上的毛刺和加工表面的不平整,在使用时经过研磨或转动摩擦才能达到正常的过程,因此磨损较快。同时,设备在制造、安装方面的某些问题也迅速暴露出来,使初期磨损速度较快。在正常磨损期,磨损速度缓慢,因而曲线比较平。到了后期,由于设备零部件普遍老化,故障增多,设备磨损会急剧增加,最终报废。在设备的正常磨损期,根据设备的故障运行状态和故障规律,合理安排设备检修,可以有效地减少设备的意外故障,延长设备的使用寿命。

有形磨损与运行工况有很大关系,如工作介质、负荷大小、参数的高低、操作调整方式及频度等。如果恰当采用新技术、新工艺、新材料,可以大大减缓磨损,有些部件寿命可延长至原寿命的五倍以上。

如果是由于物理或化学因素造成设备有形磨损,外部表现形式多种多样,原因也复杂多变。在日常生活和工作中,常见设备的有形磨损形式主要有:

(1)磨料(粒)磨损,由于硬质颗粒导致的划伤类磨损。

(2)点蚀磨损,主要部件金属微粒的剥落,在表面重复接触应力下引起微观裂痕,不断扩大以致引起斑点式剥落。

(3)黏附磨损,两个固体摩擦表面接触时,由于表面间分子作用引起局部黏附,使材料由一个表面转移到另一表面所造成的磨损。

(4)刮研磨损,由于摩擦表面凸凹不平而在移动时形成的磨损。如滚动轴承初期形成的刮研磨损。

(5)塑性变形,物体在外力作用下,受力超过弹性极限而产生塑性变形。此时,即使除掉外力,物体也不能恢复到原来的状态。变形的基本形式有拉伸、压缩、剪切、扭转、弯曲等。

(6)电化腐蚀,两种不同金属发生电气和化学分解作用而造成的腐蚀。

(7)垢下腐蚀,如管道内出现水垢,在垢下形成的一种腐蚀。

(8)金属腐蚀,如在锅炉燃烧时,由于高温破坏了金属组织而产生的腐蚀。

(9)汽蚀与磨蚀。

(10)高频腐蚀,在高频率下造成的腐蚀。

设备有形磨损程度可用式(1-1)进行计算:

$$\alpha_p = \frac{R}{K_1} \tag{1-1}$$

式中　α_p——设备有形磨损程度；

R ——修复全部磨损零件所用的修理费用；

K_1——设备磨损时该种设备的再生产价值。

2. 无形磨损

无形磨损，是指设备由于劳动生产率的提高，而引起的价值损失，又叫精神损耗。根据劳动生产率提高所造成的不同影响，设备的无形磨损又分为两种，一种是由于生产完全同类的劳动资料的劳动生产率提高，从而造成了原有的设备价值的下降；另一种则是由于出现了更为低廉的替代品，从而引起了原有设备价值的贬损。

设备的无形磨损是在技术进步影响下用设备价值降低系数来表示它的无形磨损程度，以式(1-2)表示：

$$\alpha_i = \frac{K_0 - K_1}{K_0} = 1 - \frac{K_1}{K_0} \tag{1-2}$$

式中　α_i——设备无形磨损程度；

K_0——设备的原始价值；

K_1——确定设备无形磨损时该设备的再生产价值。

由于技术进步的影响，$K_1 < K_0$。

3. 综合磨损

综合磨损是指设备在有效使用期内发生的有形磨损和无形磨损的总和。设备发生综合磨损之后，应根据综合磨损情况对设备的维修、改进、更新进行全面技术经济分析，设法补偿。根据设备的磨损形式不同，补偿的方式可分为局部补偿和完全补偿。

设备综合磨损程度：

$$\alpha = 1 - (1 - \alpha_p)(1 - \alpha_i) \tag{1-3}$$

式中　α ——设备综合磨损程度，以原值比率表示；

α_p——设备有形磨损程度；

α_i——设备无形磨损程度。

磨损残值：

$$K = (1 - \alpha) K_0 \tag{1-4}$$

设备各种磨损形式及其补偿方式的相互关系见图 1-4。

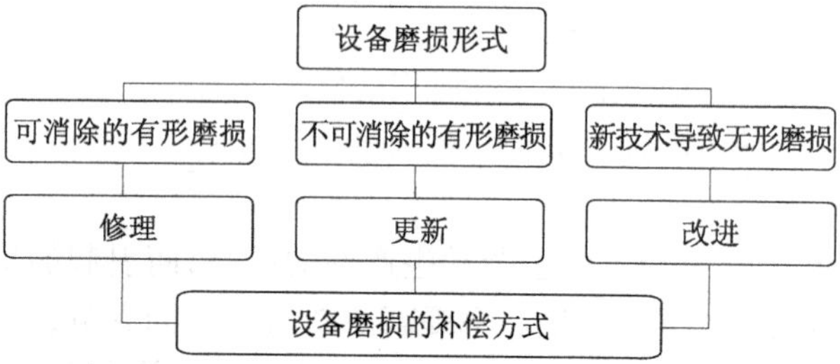

图 1-4　设备磨损及其补偿方式的相互关系

1.1.2.3　设备的可靠性分析

设备的可靠性分析是指为保证设备的长时间无故障运行而进行的分析处理过程。设备的可靠性越差,导致设备发生故障的概率就越大。所谓设备的可靠性,是指设备机能在时间上的稳定性程度,或者说在一定时间内不发生问题的程度(概率)。设备的可靠性由固有可靠性和使用可靠性构成。固有可靠性是指该设备由设计、制造、安装到试运转完毕,整个过程所具有的可靠性,是先天性的可靠性。

当固有可靠性低或使用可靠性低,或这两种可靠性都低时,设备就有可能发生故障,需要对设备进行维修。设备的维修性即为设备出故障后在规定的时间内能够修复的概率。对故障采取对策,重要的是对故障原因在固有可靠性和使用可靠性上进行识别。当固有可靠性提高时,提高使用可靠性就比较容易;而当固有可靠性低时,要提高使用可靠性就十分困难。因此,从根本上讲,要防止故障的发生,最有效的对策就是注意设备固有可靠性的形成,即重视设备的设计、制造、安装和调试全过程。

要做好设备的可靠性分析,基础工作就是对设备的状态有正确的判断。所谓状态是指设备在特定时间里所表现出来的现象。一般而言,设备状态划分如图 1-5 所示,发电机组状态划分如图 1-6 所示。

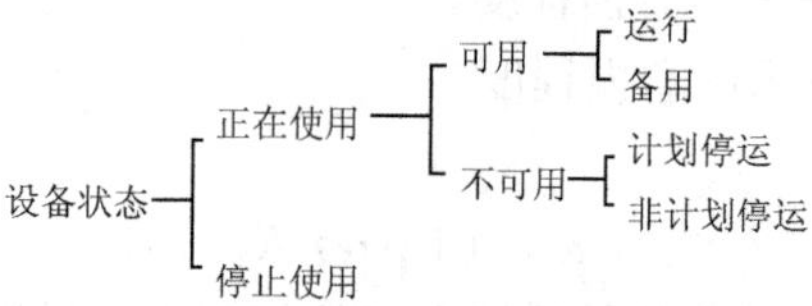

图 1-5　设备状态划分

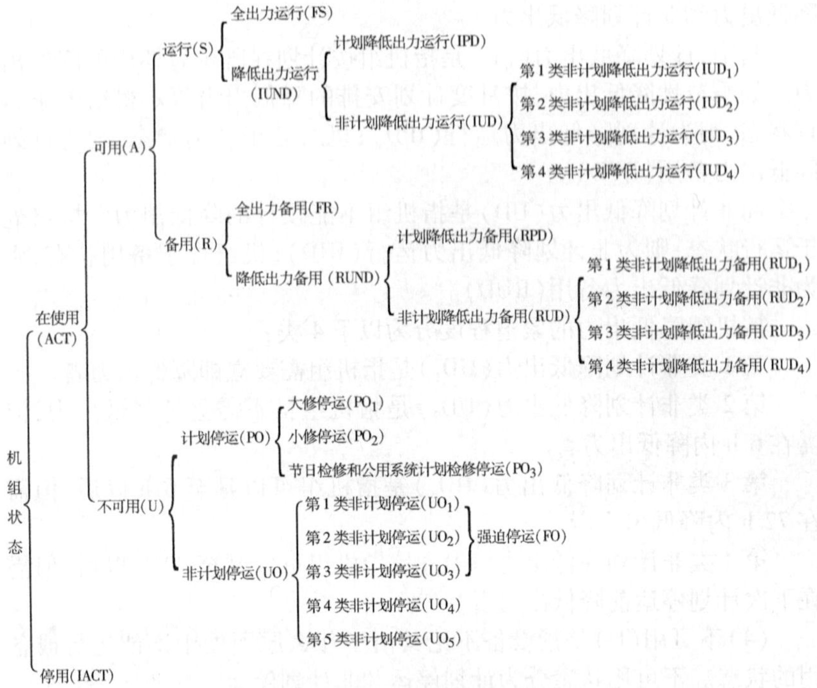

图1-6　发电机组状态划分

(1)在使用(ACT)是指设备处于要进行统计评价的状态。在使用状态分为可用(A)和不可用(U)。

(2)可用(A)是指设备处于能够执行预定功能的状态,而不论其是否在运行,也不论其能够提供多少出力。可用状态包含运行(S)和备用(R)。

其中,运行(S)对于机组,指发电机或调相机在电气上处于连接到电力系统工作(包括试运行)的状态,可以是全出力运行、计划或非计划降低出力运行;对于辅助设备,指磨煤机、给水泵、送风机、引风机和高压加热器等,正在(全出力或降低出力)为机组工作。而备用(R)是指设备处于可用,但不在运行状态。对于机组,备用又有全出力备用、计划及各类非计划降低出力备用之区分。

(3)机组降低出力(UND)是指机组达不到最大容量运行或备用的情况(不包括按负荷曲线正常调整出力)。机组降低出力可分为计划降低出力和非计划降低出力。

其中,计划降低出力(PD)是指机组按计划在既定时期内的降低出力。如季节性降低出力,按月度计划安排的降低出力等。机组处于运行状态,则为计划降低出力运行(IPD);机组处于备用状态,则为计划降低出力备用(RPD)。

而非计划降低出力(UD)是指机组不能预计的降低出力。机组处于运行状态,则为非计划降低出力运行(IUD);机组处于备用状态,则为非计划降低出力备用(RUD)。

按机组降低出力的紧迫程度分为以下4类:

第1类非计划降低出力(UD_1)是指机组需要立即降低出力者。

第2类非计划降低出力(UD_2)是指机组虽不需立即降低出力,但需在6 h内降低出力者。

第3类非计划降低出力(UD_3)是指机组可以延至6 h以后,但需在72 h内降低出力者。

第4类非计划降低出力(UD_4)是指机组可以延至72 h以后,但需在下次计划停运前降低出力者。

(4)不可用(U)是指设备不论其由于什么原因处于不能运行或备用的状态。不可用状态分为计划停运和非计划停运。

其中,计划停运(PO)是指机组或辅助设备处于计划检修期内的状态。机组计划停运分为大修停运(PO_1)、小修停运(PO_2)、节日检修和公用系统计划检修停运(PO_3)三种。

而非计划停运(UO)指设备处于不可用(U)而又不是计划停运(PO)的状态。根据停运的紧迫程度分为以下5类:

第1类非计划停运(UO_1)是指机组需立即停运或被迫不能按规定立即投入运行的状态(如启动失败)。

第2类非计划停运(UO_2)是指机组虽不需立即停运,但需在6 h以内停运的状态。

第3类非计划停运(UO_3)是指机组可延迟至6 h以后,但需在72 h以内停运的状态。

第4类非计划停运(UO_4)是指机组可延迟至72 h以后,但需在下次计划停运前停运的状态。

第5类非计划停运(UO_5)是指计划停运的机组因故超过计划停运

期限的延长停运状态。

(5)停用(IACT)是指机组按国家有关政策,经规定部门批准封存停用或进行长时间改造而停止使用的状态,简称停用状态。机组处于停用状态的时间不参加统计评价。

设备的最佳可用系数是设备可靠性的一个重要指标,也是一个数量指标,该系数越高,表示设备可靠性越好。要想提高设备的最佳可用系数,使设备发挥最大的效益,就必须在整个寿命周期内追求设备最高的运行可靠度、最短的维修时间和最少的维修工作量。设备的最佳可用系数关联因素如图 1-7 所示。

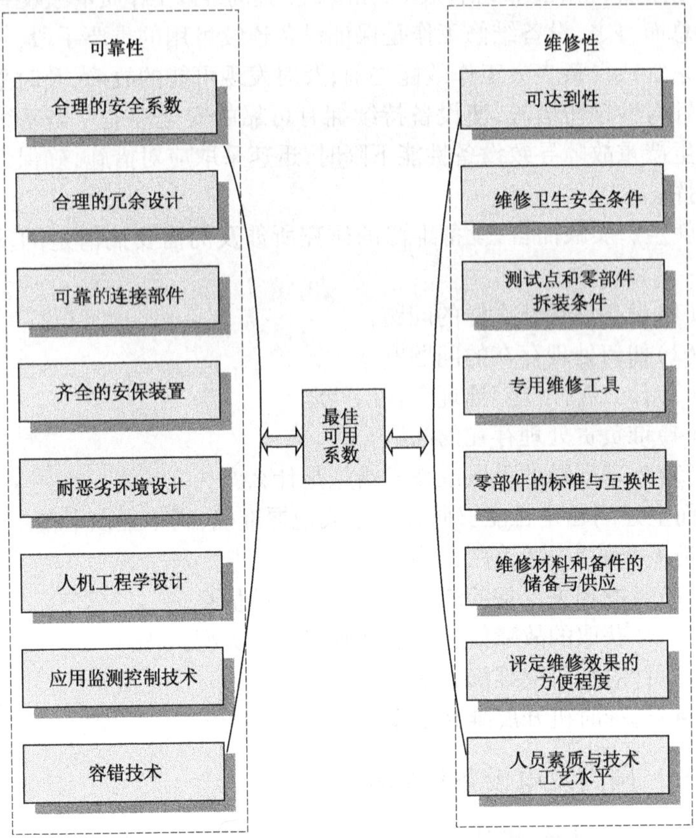

图 1-7　设备的最佳可用系数关联因素

1.1.2.4 设备的维修研究

设备维修是指设备技术状态劣化或发生故障后，为恢复其功能而进行的技术活动，包括各类计划修理和计划外的故障修理及事故修理，又称设备修理。设备维修研究的主要内容是维修的方式和工艺。从宏观方面讲，设备维修研究的内容是维修体制、维修标准和维修流程等问题；从具体内容上讲，设备维修研究的内容则主要包括维修操作规程、维修工艺、新材料、新工具的应用等。

维修工程学对设备维修的研究主要是为了在宏观上寻找科学的维修方式，追求设备的最高综合效率，在微观上提高维修工作质量和效率。

总而言之，设备维修工作是保证设备连续可用的重要手段，它应确保在系统或设备丧失工作效能之前，及时发现可能的故障，及时采取有效的针对性预防措施，使设备持续拥有可靠的安全性能。当系统或设备发生严重故障导致设备性能下降时，迅速采取应对措施，确保性能正常发挥。

就生产实践而言，设备维修的研究所涉及的需要搞清楚的基本问题是：

(1)设备存在什么样的问题？

(2)如何处理存在的问题？

(3)什么时候能够处理存在的问题？

(4)谁负责处理存在的问题？

(5)处理问题的手段或技术措施是什么？

而上述问题是否能够研究清楚或把握准确，离不开以下基本过程，甚至是多个基本过程的往复循环：

(1)掌握相关设备的结构与性能等基础信息；

(2)从获取的故障信息中准确判定故障类型；

(3)针对性研究维修方案；

(4)选择时机开展维修工作。

1.1.3 国内发电设备检修状况

1.1.3.1 传统检修状况

实际上，无论是在电力系统规划设计时还是在运行调度中都很重视合理处理发电机组的检修计划问题。对这一问题的传统指导思想是:周期性地安排机组的计划检修(预防检修)和有效地组织随机故障后的修复工作。在这种检修体制下,根据不同型号水轮发电机检修规程规定,大修间隔2~3年,小修间隔4~8个月,检修项目、工期安排和检修周期均由管理部门根据经验制定。这些活动总的目标是使设备经常保持或恢复到良好技术状态,减少设备的故障,延长设备的寿命,从而提高电力系统的可靠性和经济性。发电机组检修停运涉及许多方面的问题,计划安排不当,会带来许多不利影响。就经济方面而言,发电机组检修除花费直接用于检修的庞大费用外,还需花费许多潜在的费用。如:发电机组检修停运期间少发电能的费用,为保证系统供电可靠性而必须增加的检修备用容量的投资费用等。就系统可靠性方面而言,部分机组计划停运期间可能增大系统供电不足的风险,特别是备用容量紧张的系统,这个问题更加突出。目前,我国电力系统相当部分调度运行部门,此项工作的开展都是靠人的经验粗放地进行安排,主要目标是系统电力平衡及不造成能源浪费。但随着电力系统的日益扩大,系统内的装机台数大为增多,机组的类型更多样化,安排机组检修计划考虑的相关因素、约束条件也越来越复杂。若仍然靠人工凭经验安排机组检修计划,难免会产生疏漏。一旦检修计划安排不当,就会在电力系统经济和安全等方面带来不利的影响,严重的可能导致系统供电不足。由此可见,用科学方法、合理地安排发电系统的检修计划对提高电力系统运行可靠性是非常重要的。同时,随着电力系统的装机不断增多,对发电系统检修计划优化问题进行研究具有越来越重要的现实意义。

发电设备现行检修体制的缺陷主要表现在:

(1)临时性检修频繁。发电设备主要依靠经验或行政制订的计划检修安排,经常由于缺陷不得不强迫停运,进行事故抢险,导致企业及电网整个发供电及检修计划经常被打乱,久而久之,整个计划的严肃性就受到挑战。而长期下去,检修计划的编制就变得不够严谨、科学,企业的设备管理体制就显得软弱、无力。

(2)维修不足或维修过剩。由于计划原因,设备有时不得不带故障运行，若故障继续恶化将造成不必要的事故损失及维修代价、费用增加。或由于进行了不必要的维修，造成了设备有效利用时间的损失和人力、物力、财力的浪费，甚至引发各种维修故障。

(3)盲目维修。根据计划和经验制定的标准或非标准检修项目进行检修，对机组并不一定能做到对症下药，由此导致不该修的修了，而该修的未修或没有修好的问题。

(4)检修管理存在不足。较以可靠性为中心的维修(RCM)或状态维修，其不足主要是：主动进行维修或检查不够；彻底解决频发性故障能力差；维修目的性不明确；过分依赖厂商；同类机组检修经验交流少；不必要的或保守的预防检修多；检修成本分析不全。

从故障统计数据来看，设备开停机失败与设备故障率并未在计划检修结束后有明显好转，相反，自动化元器件及易损件(螺栓)在多次没必要的拆装后，故障率反而有所上升。

图 1-8、图 1-9 的统计数据从侧面反映出现行检修体制所存在的问题。从 1996 年统计的国内 100 MW 、125 MW 、200 MW 火电机组非计划停运与降出力责任原因分类看，不恰当的检修是主要原因。这也进一步表明了现行检修体制存在问题的严重性。

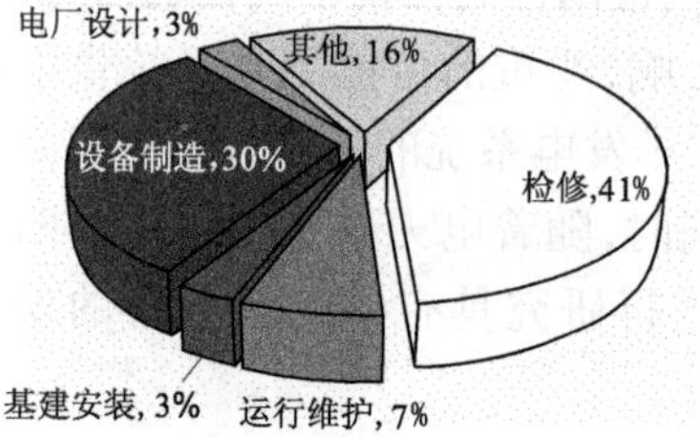

图1-8 1996年全国100 MW、200 MW 火电机组非计划停运与降出力责任原因分类

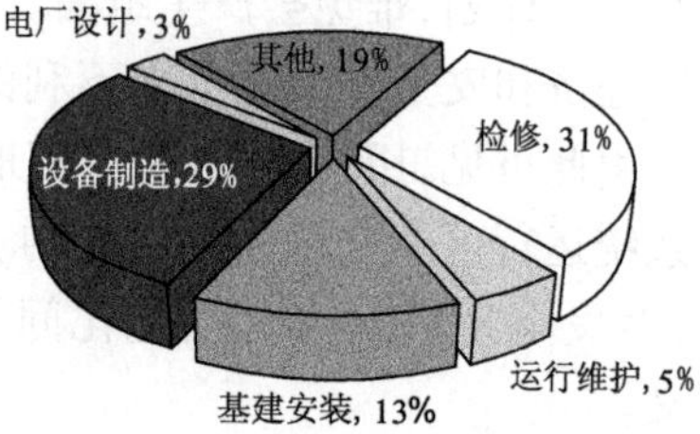

图1-9 1996年全国125 MW火电机组非计划停运与降出力责任原因分类

1.1.3.2 试点情况

由于认识到了上述问题，不少电厂通过引进、借鉴、摸索，积累总结了许多行之有效的维修方式和维修管理模式，取得了明显的效益。国电浙江北仑第一发电有限公司就是其中的典范。

1. 基本情况

浙江北仑第一发电有限公司隶属于中国国电集团公司，是按照原能源部“新厂新办法”管理模式建立的现代化火力发电企业，总装机容量为5×600 MW，技术先进、自动化程度高，是原国家电力公司授牌的“国际一流电厂”，总资产149亿元人民币。2003年，发电215.37亿kW·h，供电煤耗3 209 g/(kW·h)，全厂非计划停运次数8次，5台机组分别创造了连续运行340 d、300 d、382 d、483 d和180 d的纪录，其中一台机是在90%左右负荷率下创造的连续运行483 d的纪录。

北仑第一发电有限公司20世纪90年代初开始建设，1991年#1机投产，1994年#2机投产，2000年#3、#4、#5机投产。建立初期除配备少量维修人员外，没有考虑配备大修队伍。1994年以来，开始探索优化检修工作，建立了以点检制为基础的设备管理体系，培养了一批设备管理人才，基本实现了主设备定期检修、辅助设备状态检修（在线检修）、次要设备事后检修的基本框架，在使设备可靠性不断提高的前提下，将大修周期延长到6年，小修周期延长到1.5～2年，大修实施时间减少到60～68 d，产生了明显效益。

北仑第一发电有限公司认识到，实施检修是一项复杂的系统工程，因此成立了相应的领导小组、工作小组和状态监测小组。领导小组是开展检修的决策机构，负责制定工作目标，建立检修组织机构，配备称职人员，审批工作规划、制度、流程，对检修建议行使决策权。工作小组负责检修的日常工作，包括制定规划、制度、流程，审批作业指导书，人员教育与培训，选择并配备必要的监测设备和软件系统，提出检修建议并组织实施和评估。状态监测小组负责日常设备的检测和状态分析，制定相应的设备技术标准和管理标准。实践证明，领导重视、组织落实、人员到位是该公司有效推进检修工作的基础。

2. 主要做法

1）设备管理组织体系

北仑第一发电有限公司设备管理涉及设备管理部、运行部、北电科技中心、精工公司（检修公司）、输灰和输煤部门等，形成了一个立体结构。

1998年11月成立的设备管理部（以下简称设备部）和检修公司一

起形成设备管理的策划层和检修操作层。设备部是最主要的设备管理部门,集中了原生技科主要人员和检修班组技术骨干,归口负责全公司设备点检,并承担原生技科除运行管理之外的工作。设备部在主任、副主任、主任工程师之下设置汽机主管、锅炉主管、电气主管、热工主管、综合主管,并在各主管下设置若干对应专业的设备工程师和专业点检员。

运行部也是直接涉及设备的部门。运行人员通过缺陷管理系统将运行中发现的设备问题登录到设备信息网上。为了加强设备管理,根据消缺和检修工作的需要设置隔离员或隔离小组。同时,每一运行值都设置了缺陷处理的岗位,负责处理常见缺陷,有效压减了设备故障苗头,提高了缺陷处理效率和质量。运行人员参与部分检修工作是该公司设备管理的一个特点。

技术中心负责设备精密检测和状态诊断,并开发和维护全企业设备管理信息系统。技术中心在主任之下设诊断主管 1 人,领导由振动诊断 2 ~ 3 人、油品检测 3 人、电气与红外检测 3 人所构成的诊断组。通过提醒单形式,技术中心诊断组将诊断意见加载到信息网上,由有关部门处理并形成月报等共享信息。

检修公司约 180 人,负责部分设备的点检、维护、消缺、抢修等工作,也参与部分大小修工作。

考虑到燃运、灰渣系统的特殊性,其设备运行、管理由北电实业公司等单位完成,独立于运行部、设备部,但其内部设备管理的机制与其他主设备管理是一致的,设备管理业务指导由设备部归口,运行业务指导由运行部归口。

上述部门形成了公司内部设备管理体系的机构层,与公司生产领导以及相互之间通过信息层沟通。机构层的职能及其之间的协调关系体现在功能层上。可见,该公司已经形成的设备管理基本构架,符合现代化管理的发展趋势。

2)点检模式

1994 年 10 月北仑第一发电有限公司开始向宝钢集团有限公司学习设备点检定修管理模式,1995 年在燃运部试行并积累了一些成功经验,次年全公司逐步推广点检。现在已形成了日常点检、专业点检、精密点检三位一体的点检模式。该点检模式已经突破了基于设备检查和状态评价的传统点检框架,演变成为一种新的设备管理模式。

日常点检由运行人员、检修公司人员以及灰煤部门有关人员完成,通过巡检,主要解决设备的常规观测、检查、缺陷报告等问题。

专业点检是点检体系的核心,由设备部专业点检员完成,设备工程师也负责部分专业点检工作。专业点检员定位为"设备的主人"。与日常点检不同的是,专业点检更多集中在重要检测项目和关键检测点上,拟解决较大的设备问题。专业点检员的案头工作时间往往要超过现场检测时间。除了需要对设备状态进行分析和评价,专业点检员还负担了重要的设备管理和策划职责,主要包括所管设备检修策略和计划的制订、检修工作安排、外委工程、资源横向协调、上层决策协调、检修质量监理与跟踪、检修完工验收和总结、科技与技改、备品备件采购计划等。事实上,点检员的管理职责已经超过其技术职责,进入到策划层面。

为了使专业点检员将更多精力集中在主要设备和系统上,已经将吹灰、制粉、压缩空气、化学等部分的专业点检交给了检修公司负责,而实业公司等单位则负责燃运和除灰设备的专业点检,从多个层面上调动了全企业积极性,形成合理的设备管理责任体系。

精密点检由技术中心的诊断组完成,主要对日常点检和专业点检中发现的重要问题进行深入检测、分析、诊断,形成设备状态提醒单,提交设备部。设备部决策处理后用返回单的形式进行反馈。精密点检不仅为日常点检和专业点检提供技术支持,同时也制定了独立的定期诊断管理制度、精密诊断周期及标准,并且定期修订,形成固定工作模式。诊断组还要完成机组大小修前后的一些重要比对试验,并据此为大小修提出检修项目的建议。

在这样的点检机制下,原有的缺陷管理也发生了相应变化,主要反映在从单纯考核缺陷向重点考核设备性能和可靠性转变,淡化原缺陷考核的数量标准,不孤立考核个别缺陷,而是抓大缺陷、抓重要缺陷,将缺陷管理流程简化,提高了效率。

3）大、小修管理

为了根据设备状态科学安排大小修，调整管理和检修资源，引进了SRCM（Streamlined Reliability-Centered Maintenance，改进的以可靠性为中心的维修）评估，对公司的四个系统进行了详细的分析，将设备分为A、B、C三类。A类设备是关键性的特别重要的设备，一般占设备总数的10%～15%；B类设备是关键性的比较重要的设备，一般占设备总数的55%～75%；C类设备是非关键性的一般设备，占设备总数的15%～30%。综合考虑设备的重要度，对A、B类重要设备实行“五优先”管理，即点检优先，定期维护优先，维修资源优先，故障管理优先，计划检修优先。

通过SRCM分析和评估工作，学习了以可靠性为中心的检修理念，进一步理解了设备状态检修和优化检修的精髓，对设备的大小修项目和周期进行了优化，并且把它编制到检修规程中，在实际工作中能很好地加以执行。目前，根据600 MW机组检修规模和停运时间，采用A、B、C、D检修等级制。

A级检修：对机组进行全面解体检查和修理，以保持、恢复或提高设备性能，一般安排60～68 d，主要针对汽轮发电机组检修。

B级检修：针对机组某些设备存在的问题，对机组部分设备进行解体检查和修理，一般安排30～45 d，主要针对锅炉和灰、煤系统等。

C级检修：根据设备的磨损、老化规律，有重点地对机组进行检查、评估、修理、清扫，一般安排20～26 d，主要针对锅炉和灰、煤系统等。

D级检修：机组总体运行状况良好，对主要设备的附属系统和设备进行消缺，一般安排9～12 d。

优化以后，采取了以下检修等级的组合方式：

A—C（D）—C（D）—B—C（D）—C（D）—A

即在2次A级检修之间，安排1次B级检修，而在A、B级检修年份之间每年安排一次C（或D）级检修。由此可见，机组A级检修原则上6年一次，C级检修则1年半到2年一次。这样，有效延长了机组的大小修时间间隔。

除延长大小修时间间隔外，由于状态检修和点检制的推行，将可隔离辅助设备的检修安排到平时，根据设备状态进行在线检修，即在不影响机组发电的前提下进行检修，有效优化了大小修项目，减少了大小修的机组停用时间。

备品备件管理对于北仑第一发电有限公司的多种类型进口机组而言是很困难的工作。为了减少备品备件的资金占用，公司将备品备件划分为事故备件、大小修备件、日常标准备件来管理，结合状态检修工作的开展，将资金占用控制在最小范围内。

目前，大小修标准项目的管理已融入设备部专业主管和专业点检工作中，其他项目由设备部统一协调并报公司领导决定。在每个检修项目结束后都要进行评估，针对检修中发现的问题和检修结果，重新审视所采用的检修方式是否恰当、检测技术和检测频度是否合理、状态的分析诊断是否正确、相关的管理制度和作业指导书是否可行等。状态检修领导小组每半年召开一次会议，回顾和评估状态检修的进展情况，将检修工作纳入闭环管理，通过实践—认识—再实践—再认识的过程，不断提高设备管理水平。

4）人员管理

状态检修已经成为北仑第一发电有限公司上下的一致认识，因此从设备管理的角度，已经形成了全员参与的氛围。所有设备管理人员、运行人员、点检人员、检修人员都是状态检修机制中的一员，而不是只有少数人在关心、推进、实施状态检修工作，这是其状态检修工作取得成效的一个关键。

该公司设备管理组织和人员配置，与状态检修理念已经很好结合，形成了和谐的生产力。这取决于公司长期贯彻用人、信人、以人为本，注重对员工教育、培养、使用、提升的策略。为了鼓励员工敬业爱厂、向生产一线流动，设置了“厂级专家”、“高级状态监测员”等岗位，落实点检员责、权、利，优先考虑一线人员的利益和培养任用，关心员工的心理满意率，逐步形成学习型组织。

在这样的氛围下，员工都自觉做好本职工作，像某点检员骑摩托车30 km赶回公司处理设备问题的感人事迹层出不穷。同时，公司也对员工严格要求，提出与岗位相应的客观评价标准，选拔和任用有能力的员工。例如，对点检员不仅要求有一流的专业能力，还要有很好的组织协调能力，因此点检员通过公平招聘上岗后，要成为“培训点检员”，必须再经过一年考核试用,才能正式上岗。高级状态监测员三年内不能评优或有重大贡献,将重新聘任。人员的科学管理使员工的素质不断提高、技术不断沉淀,逐步形成了一支能打硬仗的队伍。

5)技术支撑体系

北仑第一发电有限公司的状态检修技术支撑体系由精密诊断手段、在线监测系统、设备信息化管理、相应的技术标准构成。

状态检修建立在技术进步的基础之上。公司充分意识到这个问题,为精密诊断配备了必要的技术手段。主要有:离线振动分析仪,对全公司200多台转动设备进行振动检测和分析;红外热像仪,对全公司1 027台套设备进行检测和分析,其中燃运设备红外监测点达到670多个,取得了显著效果;氦质谱检漏仪,对泄漏点进行定位检测;超声波检测仪,用于泄漏检测和高频振动信号分析,已经在炉管泄漏检测中起重要作用;电动机故障检测仪器,用于检测电流和磁通、判断电动机故障;油色谱检测仪和微粒检测仪,分析变压器油以及润滑油组分和油中固粒,判断设备故障。

在线监测系统主要包括一套汽轮发电机组轴系振动监测系统和一套风机振动监测系统,能长期连续监测设备振动情况,通过基本振动信号分析,判断设备运行状态和故障。

同时,在机组上还配置了运行性能耗差在线分析系统,用于分析和判断机组的性能情况。耗差在线分析系统也作为替代传统小指标的运行考核系统,为优化运行和运行参数调整提供依据。

设备管理工作流程已经基本在公司内部信息网络上实现。目前的设备信息管理工具主要有:运行参数实时显示系统、缺陷管理系统、SAP系统、检修作业文件包系统、油务管理系统、燃料管理系统、设备状态检修平台、操作票管理系统等。公司技术中心现有IT技术人员9人,学历较高,有丰富的企业生产部门工作经验和IT专业经验。公司信息系统的硬件环境为小型机2套,PC服务器40~50台,网络环境相对优良。面对目前信息系统的多版本、多产品共用的现状,技术中心已经规划了设备状态检修大平台的构架,提出了“界面一致、主要数据共享、权限一致、底层业务流共享”的原则和建设方案。系统已经初见雏形,正在作试用的准备。

标准是重要的技术支撑。从1995年起，北仑第一发电有限公司先后制定了《设备日常点检标准》、《设备给油脂标准》、《设备维修作业标准》、《600 MW机组检修规程》、《设备状态定期监测周期》、《电气设备预示周期》等技术标准和《状态监测管理标准》、《状态监测仪器规范说明》、《设备分类管理办法》、《设备状态信息交流管理办法》、《状态监测设备分工管理制度》、《设备分工管理标准》、《设备缺陷管理标准》、《设备检修管理标准》等管理标准和工作标准，进一步规范了设备管理工作，明确了各部门职责，保证了设备管理体系的正常运转。

3. 成效

随着状态检修工作的推进，北仑第一发电有限公司已经取得了明显的成果，主要反映在以下几个方面：

(1)建立了一套和谐的、行之有效的设备管理体系，提高了管理现代化水平。构造了三级点检模式，运行人员参与消缺，全员关注状态检修。

(2)取得了相应的经济效益。开展状态检修以来，逐步投入了500万~600万元人民币购置监测诊断仪器和系统。由于科学地延长了检修间隔，缩短了维修时间，经过努力，最近三年中，即使在机组大修年份，设备维护检修费用也能控制在0.015元/(kW·h)的较低水平。

(3)设备可靠性明显提高。机组等效可用系数从建厂初期的60%提高到目前的90%以上，机组非计划停运次数控制在2次/(年·台次)以内，缺陷量也由1 500条/月下降到1 000条/月。

(4)培养了一支过硬的设备管理队伍。通过几年状态检修的实践，培养了一批具有现代设备管理理念和技能的人才，很好地掌握了设备的特性，提高了对设备状态的可控性和预控性。

1.1.4 发电设备管理基本概念

1.1.4.1 设备寿命

由于磨损的存在，设备的使用价值和经济价值逐渐消逝，因而设备具有一定的寿命。工程运用中设备的寿命有四种。

1. 自然寿命

自然寿命，也称为物质寿命，是由于有形磨损所决定的设备的使用寿命，指一台设备从全新的状态开始使用，产生有形磨损，造成设备逐渐老化、损坏、直至报废所经历的全部时间。正确使用、维护保养、计划检修可以延长设备的自然寿命，但不能从根本上避免其磨损。任何一台设备磨损到一定程度时，必须进行修理或更新。

2. 技术寿命

由于科学技术的迅速发展，不断出现比现有技术更先进、经济性更好的新型设备，从而使现有设备在物质寿命尚未结束前就被淘汰。技术寿命是指一台设备可能在市场上维持其价值的时间。也就是说，一台设备开始使用到因技术落后而淘汰为止所经历的时间，也叫设备的技术老化周期。技术寿命的长短，主要取决于技术进步的速度，而与有形磨损无关。通过现代化改装，可以延长设备的技术寿命。

3. 经济寿命

当设备处于自然寿命后期，由于设备的老化，磨损严重，要花费大量的维修费用才能保证设备正常使用，因此从经济上考虑，要对使用费用加以限制，从而截止自然寿命，这便产生经济寿命的概念。设备的经济寿命是根据设备使用成本最低的原则来确定的。所谓经济寿命，是指由设备开始使用到其年平均使用成本最低年份的延续时间长短。经济寿命既考虑了有形磨损，又考虑了无形磨损，它是确定设备合理更新期的依据。一般说经济寿命短于自然寿命。

4. 折旧寿命

设备的投资通常是通过折旧的方式逐年回收的。所谓折旧寿命，是指设备开始使用到其投资通过折旧的方式全部回收所延续的时间。

设备寿命与很多因素有关，其中维修是一个非常重要的因素。而推行状态检修体制有利于延长设备的使用寿命和经济寿命。设备寿命的概念在工程实际中主要用于设备预期使用年限的确定、设备可靠性的评估、设备运行方式的优化、维修与更换周期的确定、设备运行经济性核算等方面。对处在复杂受力或环境条件下工作的、要求高可靠性的发电设备，通过优化检修和状态检修来延长其寿命具有重要意义。

1.1.4.2 设备剩余寿命

设备剩余寿命由设备的安全运行寿命决定，即

设备剩余寿命 = 设备安全运行寿命 − 迄今为止实际消耗的寿命

设备安全运行寿命是指设备在安全运行条件下的实际运行时间。显然,设备安全运行寿命并不等于其设计的使用寿命,而必须通过实际测定来决定。

1.1.4.3 发电设备寿命管理

设备的寿命管理是设备管理的重要内容。它以设备的一生为研究对象,以降低设备寿命周期费用为目标。

发电设备寿命管理的具体工作有:

(1)发电设备寿命分配;

(2)按寿命分配和实际寿命损耗制定运行规程;

(3)运行中金属部件磨损、疲劳、蠕变寿命的监测;

(4)金属材料组织结构及其变化的监督;

(5)发电设备寿命档案资料的积累;

(6)无损探伤;

(7)剩余寿命评估;

(8)合理制订维修方案,采取必要延寿措施。

1.1.4.4 发电设备寿命周期费用

发电设备寿命周期费用(Life Cycle Cost)是指设备在整个寿命周期内所花费的总费用,包括设置费和维持费,可表示如下:

$$LCC = AC + SC$$

式中 LCC——发电设备寿命周期费用;

AC——设备设置费,包括研究费(规划、调研费)、设计费、制造费、设备购置费、运输费、安装调试费等;

SC——设备维持费,包括能源费、维修费、操作工人工资、报废费及与设备有关的各种杂费和管理费。

LCC 概念起源于瑞典铁路系统,1965 年美国国防部研究实施 LCC 技术并普及全军,之后,英国、德国、法国、挪威等军队普遍运用 LCC 技术。1999 年 6 月,美国总统克林顿签署政府命令,要求各州所需的装备及工程项目必须有 LCC 报告。没有 LCC 估算、评价,一律不准签约。同年,以英国、挪威为首组建了 LCC 国际组织,由 50 个国家、地区参加。该组织为保护参加国购置装备的经济利益,要求设备、工程中间商和推销商为买方提供 LCC 估算。美国将 LCC 管理的方法首先应用于核电站,因为核电站建设以可靠性作为优先考虑因素,因而在可靠性的基础上进行 LCC 管理,更具必要性和紧迫性。在此基础上,再将该项技术推向发电机、大型变压器、励磁机、低压输配电系统、仪用空气系统。加拿大和欧洲一些国家将 LCC 管理和可持续性发展结合起来,偏向于电力系统中的绿色能源,在计算成本时考虑了环境的影响。来自制造厂的专家也提出 LCC 管理方法在高压开关、变电站方面的应用。

研究表明,设备一出厂已经决定了设备整个寿命周期的总费用:设备的价格决定了设置费,设备的性能和可靠性决定了其维持费。一台使用性能好,可靠性、维修性好的设备,在维持较高工作效率的同时,使用中的维修、保养及能源消耗费用都会减少。因此,设备的选型决策,对整个寿命周期费用的经济性影响甚大。

设备设置费是一次性投资,又称非再现性费用,是寿命周期费用中的重要成分。设备的维持费是再现性费用,设备管理和维修不善,可使再现性费用几倍或几十倍高于非再现性费用。统计表明,运行与维修是影响设备寿命周期费用的主要因素,图 1-10反映了这样一组统计数据。正是由于这个原因,要降低设备寿命周期费用,需把更多的注意力放在设备的运行与维修工作上,积极探索优化运行和新的、更合理的维修体制。

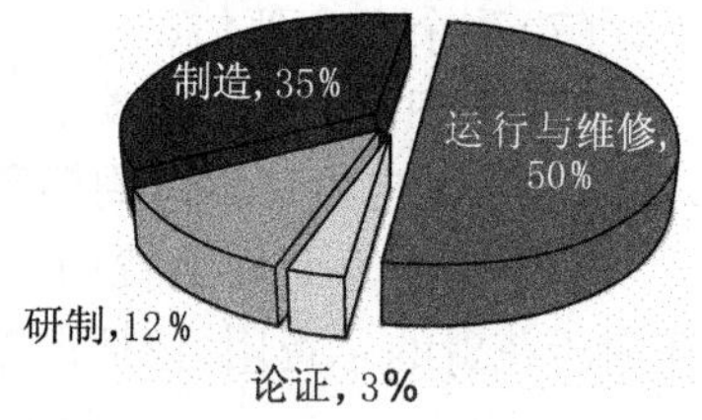

图 1-10　设备寿命周期成本构成

1.1.4.5　发电设备寿命周期管理

发电设备寿命周期管理是以生产经营为目标,通过一系列的技术、经济、组织措施,对设备的规划、设计、制造、选型、购置、安装、使用、维护、维修、改造、更新直至报废的全过程进行管理,以获得发电设备寿命周期费用最经济、综合产能最高的理想目标。

对发电设备实行一生管理,就是进行全过程管理,即从设备前半生的方案论证、设计、制造到销售和设备后半生的规划、选型、设计、安装、运行、维修、改造直到报废的一生进行管理。每个环节不仅有它固有的物质形态和所分担的费用,而且还影响着整个寿命周期其他环节的物质形态和费用。应用设备综合工程学,从系统的观点对设备寿命周期费用进行全面管理,可以发现设备寿命周期中的薄弱环节,以便提出切合实际的维修、更新措施,保证充分发挥设备一生中各个阶段的功能与作用。

显然,通过设备寿命周期管理可以更好地贯彻设备优用原则。设备的优用原则是指设备投产后,做到运行好、维修好、技术改造好,保证设备在良好的技术状态下工作,延长设备使用寿命,使设备安全可靠、性能稳定、工效提高,达到降低成本的目的。以姚孟电厂 1977 年到 1989 年的费用构成为例,该厂第一台机组投产 13 年后费用总金额为 25.307 亿元,而形成的固定资产原值为 13.904 7 亿元,即维持费已占到 45%,如果考虑到汽轮发电机组的折旧年限为 23 年,并根据前 13 年的费用变化趋势预测,则到 1999 年全厂维持费将达到总费用的 84%。可见,随着运行年数的增加,设置费占费用总额的比例逐渐减小,经过一定年限后维持费要远远超过设置费。一般而言,维修费又要占维持费的 1/4 左右。可见,开展状态检修,提高设备的可用率和运行效率,有效减少检修费投入是发电设备寿命周期管理的重要方面。

用设备寿命周期费用作为评价设备的指标,追求寿命周期费用最小化,不能单纯考虑一个阶段的经济性,而是着眼于设备全过程的合理性。状态检修决策也不仅要考虑本次检修的经济性,而且要站在寿命周期费用管理最优的角度综合考虑本次检修对设备长期运行效率、生产管理成本、环境保护等的影响。

事实上,在追求寿命周期费用最小的基础上考虑状态检修要比仅根据监测诊断、寿命预测、可靠性分析来进行状态检修更合理,更符合实际情况。但是,由于设备整个寿命周期中的许多因素是不确定性因素,而且其决策模型要复杂得多,因此这样做的难度是显而易见的。

1.2 发电设备状态检修

1.2.1 状态检修的基本概念

状态检修是企业以安全、可靠性、环境、成本为基础,在设备状态评价的基础上,根据设备状态和分析诊断结果安排检修时间和项目,并主动实施的检修方式，是一种检修策略。

状态检修的关键是对状态检修全过程管理。真正意义上的状态检修其成本消耗最低，设备运行具有最大可靠性。因此，在实施状态检修时，一方面，对一些非主要运行设备可实行状态检修，而对主要发电设备，由于其影响性和经济性，应大力依靠监测手段，预测其运行的最后程度，实行计划检修，并在设备有可能造成较严重后果或经济损失较大时，对其进行预防检修；另一方面，由于设备运行的不稳定性和不可控性，状态检修应在兼顾经济效益的基础上，定期发现问题，定期淘汰设备，加速设备折旧，以提高设备运行的可靠性。

状态检修方式以设备当前的实际工作状况为依据，而非传统地以设备使用时间为依据，它通过先进的状态监测手段、可靠性评价手段以及寿命预测手段，判断设备的状态，识别故障的早期征兆，对故障部位及其严重程度、故障发展趋势作出判断，并根据分析诊断结果在设备性能下降到一定程度或故障将发生之前进行维修。由于科学地提高了设备的可用率，明确了检修目标，这种检修体制耗费最低，它为设备安全、稳定、长周期、全性能、优质运行提供了可靠的技术和管理保障。

1.2.2　发电设备状态检修

1.2.2.1　基本内容

根据当前实际情况，在国内发电设备上要推行的状态检修体制应该是在积极采用先进监测诊断技术、可靠性和寿命评价技术基础上的，集预知维修、预防性定期检修、事后维修、以可靠性为中心的检修方式为一体的优化检修方式。从理论上讲，状态检修是比预防检修层次更高的检修体制。原水电部 1987 年颁布的《发电厂检修规程》（SD 230—87）指出，应用诊断技术进行预知维修是设备检修的发展方向。但是，在发电设备上完全依靠和实施预知维修，目前是难以实现的。经过研究和实践，电力行业普遍认可的、包含预知维修成分在内的发电设备状态检修方式是一种综合或复合的检修方式，在国外有时称为发电设备优化检修，在国内则称状态检修。毫无疑问，状态检修是传统计划预修制的重大发展。

在电厂推行状态检修的主要目的是:延长设备寿命;有效降低运行检修费用;不断改善设备运行性能,从而提高电厂的经济效益。

发电设备状态检修的基本内容可用图 1-11 表示。从图中可以看出,设备性能和健康状态的监测与诊断是实施状态检修的前提和基础,在此基础上还需要做好设备的可靠性评价与预测、设备的寿命评估与管理。按照诊断对象方式不同,设备诊断分为静态诊断和动态诊断。静态诊断和动态诊断的目的都是为检修决策提供依据。

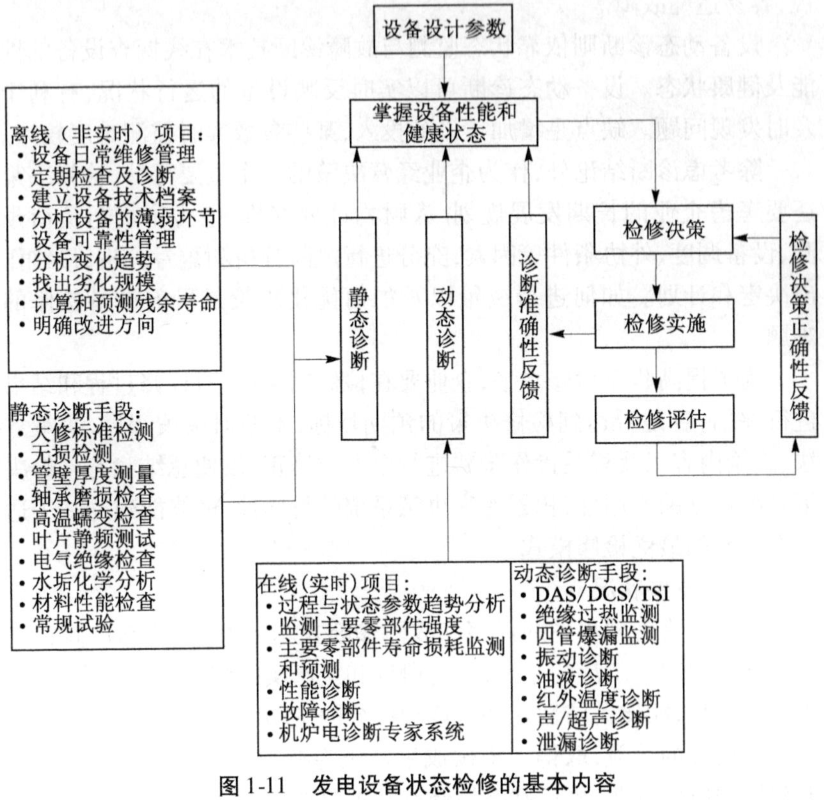

图 1-11 发电设备状态检修的基本内容

静态诊断通常安排在设备维修期间进行,目的是摸清机组各部件,特别是影响延长大修间隔的各部件的状况,找出影响大修间隔的薄弱环节,以便在大修期间对症处理。常用的静态诊断手段有:金属无损探伤、管壁厚度测量、汽轮机叶片静频测试、转子低速动平衡试验、电气设备绝缘耐压试验、水垢化学分析、高温管道监视段蠕变测量、材料金相检查、材料硬度检查、内窥镜宏观检查以及大修中的常规测量等。此外,水压试验、密封试验也是正常的静态诊断手段。通过标准项目的维修以及采用上述技术手段检查,可以基本上掌握设备在静止状态下的健康状况。静态诊断的优点是灵活、方便,投资较小;缺点是其分析结论有较长的时间滞后,不利于处理紧急故障。同时,很难进行连续监视,容易遗漏故障。

设备动态诊断则依靠状态监测与故障诊断技术在线探查设备的性能及健康状态。设备动态诊断可以实时反映设备的运行状况,有利于及时发现问题。缺点是增加了设备投入,某些参数实时监测难度较大。

除考虑诊断结论外,作为企业经营决策的一个重要部分,检修决策还要考虑企业的长期发展规划、人财物计划安排、电力市场与负荷预测、设备调度、外协条件等因素,充分进行风险分析和盈亏分析,最终作出决定和计划。如何进行决策以及如何优化决策是目前设备检修的难题。

为了提高状态检修水平,企业要在检修结束后,对检修过程和结果进行评估,看是否达到检修决策的预期目标,不断对决策程序、决策方法、决策内容以及相关操作步骤进行全方位修正,以便总结状态检修决策系统建立的实用性,积累专家决策系统的科学性,最终能建立一个适合本企业的最优检修模式。

1.2.2.2 发展状况

随着维修管理水平的提高和故障诊断技术的发展,状态检修在世界范围内引起了广泛的重视,理论研究和生产实践都在不断深入,逐渐进入实用化,相比预防性定期检修和传统的主动维修,状态检修给企业产生了更多的效益,取得了丰硕成果。作为在国民经济发展中有着重要作用的电力行业,推广状态检修有其重要意义,经济效益和社会效益都将是巨大的,因此最新的有关状态检修的技术和管理思想都在电力行业得到体现,电力生产领域也大量分步尝试使用故障诊断技术和改进电站检修管理方式,甚至直接改变新厂的组建思路。

1. 国内发展状况

1987 年,国务院颁布的《全民所有制工业交通设备管理条例》指出:“应采用以设备状态监测为基础的方法,不断提高设备管理和维修现代化水平”。经过多年的努力和实践,国内推行状态检修的工作虽然起步晚,但发展迅速。如大连电业局在 66 kV 及以下配电网上、山东电力集团公司在 220 kV 主网上都开展了不少试点工作,并取得了一定的成绩和经验。更重要的是,电力系统各网、省公司都正在积极进行这方面的试点和技术推广工作,把发电设备状态检修作为重点进行突破。1996 年 11 月在上海召开了全国电力设备状态检修工作经验交流会,这对电力设备状态检修无疑起到了巨大的推动作用。多年来的实践表明,国内发电设备状态检修工作正在积极稳步推进,技术思想逐步统一,管理观念不断进步,许多电力公司和发电厂迈出了大胆尝试的步伐,走在前列的有国电浙江北仑第一发电有限公司、上海外高桥发电有限责任公司、华电国际邹县发电厂等。

总体来看,发电厂状态检修工作能够有力推进,离不开以下几个基本要素:一个坚强有力的领导、一支素质过硬的队伍、一套行之有效的机制、一个基本技术支撑、一批有说服力的效果。

(1)一个坚强有力的领导。

在推行状态检修工作中,上级领导的强有力支持,各单位领导坚持不懈、敢于创新的精神,是状态检修工作取得成绩的基本前提。许多做法都是在国内火电厂中首先尝试的,领导没有敢为人先的精神是不可能实现的。在状态检修探索实施的过程中,有过许多周折,只有领导思路清晰、坚持不懈,才能带领员工取得最后的成功。杜绝短期行为,科学评估状态检修效果,才能给一线员工创造好的环境和空间,做到以人为本。而只有以人为本,才能激发员工的积极性,快速提高员工素质,推动状态检修工作。

(2)一支素质过硬的队伍。

在实施状态检修工作的过程中,各单位培养了一支素质过硬的队伍,突出表现在思想统一、观念先进、业务过硬、敢于负责。这支队伍是开展状态检修工作的根本基础。专业点检员是这支队伍中最有特点的部分,按现在的工作职责,称设备责任工程师更恰当一些。

(3)一套行之有效的机制。

浙江北仑第一发电有限公司现有的设备管理和检修模式可以总结为:3 级点检 + 检修优化,形成了一套行之有效的机制。3 级点检指日常点检、专业点检和精密点检。检修优化主要指大小修项目优化和间隔延长,以及辅机在线检修。点检是设备管理的核心,所采用的"强势点检"模式是符合该公司目前的设备情况、生产经营环境、人才、技术条件的。为全公司上下认可的扁平式现代管理方式和人性化管理理念是这种机制的思想基础。

外高桥发电有限责任公司现有的设备管理和检修模式可总结为:专业点检 + 检修优化,围绕 SRCM 理念建立了设备管理体系。专业点检按设备组织,正在向全能点检过渡。检修优化为按 SRCM 指导安排检修计划和检修项目,在保证可靠性的前提下,合理安排检修,可有效降低检修成本。SRCM 分析工作全面,覆盖面宽,形成了生产理念向经营理念转变的设备管理思路。

邹县发电厂现有的设备管理和检修模式可总结为:点检定修制 + 离线、在线监测诊断 + 管理标准化。点检定修是邹县电厂多年实施的基本设备管理方式。离线、在线监测诊断充分利用状态检验设备和设备管理软件,对辅机进行离线精密检测,对汽轮机等进行在线远程诊断,形成精密点检基础。管理标准化很好地与各种传统行业管理方式接轨,平稳过渡,稳扎稳打,注重实效,效果明显。

(4)一个基本技术支撑。

状态检修必须建立在相应的技术支撑之上,为此,各单位成立了技术中心、监测诊断组,配置了设备状态监测诊断队伍和手段,建立了相应工作模式。同时,坚持诊断和设备管理信息化,提出了统一信息化平台的思路,已经形成了一个状态检修的基本技术支撑。

(5)一批有说服力的效果。

各单位状态检修工作已经取得了明显的、有说服力的效果。这些效果主要表现在以下几个方面:

①促进管理现代化,形成和谐的生产力。

②培养了一批生产管理和技术人才,是电力企业的宝贵财富。

③经济收益:

直接收益:由于检修周期和项目得到优化,维修费用和管理费用明显下降。

间接收益:由于等效可用率提高,发电收益明显增加。

④设备可靠性水平提高,非计划停运次数逐年减少,设备状态和性能得到改善,设备寿命延长。

⑤大小修周期延长,检修时间缩短,设备管理主动性空间增加,理性控制设备状态,带来企业经营综合效益。

现阶段,我国推行发电设备状态检修体制所面临和需要解决的主要问题有:

(1)现有技术规程、行业法规与状态检修工作的适应性问题。

状态检修从根本上改变了设备的管理模式,但是国家有关部门过去建立的许多检修技术规程、行业法规仍然是各发电企业要遵守的规则,有些甚至是强制性的标准。但是这些规则与发电厂市场化以及状态检修往往是矛盾的,在这种情况下,状态检修工作是很难推进的。

建议研究和清理这些文件,与时俱进,修订有关规程和法规。

(2)投资方经营理念影响设备管理策略问题。

发电行业的投资多元化,带来了诸多不同的投资方经营理念,从根本上制约了发电企业的设备管理策略,因此可能会产生打破发电设备管理行业习惯的方式,使状态检修的起步面临困难,特别是非电力背景领导的支持力度可能不够。

建议树立样板,制定标准,引导企业开展有利于自身发展的管理改革。

(3)宏观能源政策导向,促进状态检修工作问题。

国家能源科技中长期发展规划明确指出,未来 GDP 翻两番的能源支撑条件要重点放在节能降耗上,因此应该挖掘现有电力资产的效能,鼓励可靠性水平和热经济性指标高的电厂多带负荷,降低排放量,从而激发电厂提高设备管理水平的积极性,主动推行状态检修。

建议研究相关政策和技术问题，制定相关电力调度优惠政策，鼓励发电企业提高设备管理水平，有利于电网的安全以及国家循环经济发展目标。

(4)状态检修投入产出财务评价问题。

状态检修已经在国内不少发电企业进行试点和逐步实施，但是目前尚没有科学的评价状态检修工作投入产出的财务评价方法，有关企业也没有进行详细的财务分析。因此，究竟如何评价状态检修的效果，很难有直接的财务数据作为依据，不利于决策层的判断和状态检修工作的深入。

建议有关发电企业与专业机构合作，研究状态检修工作的财务评价问题，提高企业资产管理和设备管理水平。

(5)信息系统一致性问题。

状态检修涉及多项管理和技术内容，因此在电厂管理信息平台上经常是多种具有特定功能的系统共同运行，支持环境不同、数据不能共享、操作不能统一，已经制约了管理水平的进一步提高。因此，需要规划和研究设备管理信息系统的一致性问题，减少重复投入，提高工作效率，积累宝贵数据。

建议组织专家研究该问题，成果共享，有利于工作方向的决策。

(6)引进技术与中国国情适应性问题。

随着状态检修工作的开展，我国引进了不少国外的管理软件、检测仪器、管理方法。但是，并不是所有引进都是成功的，有不少东西并不适合中国的国情，非常需要对已经引进的技术、软件、仪器设备等进行分析、评估和改进。

建议专门研究引进技术与中国发电企业的适应性问题，形成自主的共享技术或科学的集成技术体系。

(7)基础管理工作问题。

状态检修的大部分工作建立在科学管理基础之上，发电企业的基础管理水平决定了状态检修的成败。因此，实施状态检修需要一定的管理基础，比如相应的思想理念、组织结构、技术标准、管理规程等。打好这些管理基础比采用先进技术更重要，没有这些管理基础，状态检修肯定不能取得好的效果。

建议针对基础管理工作问题，制定相应的指导性标准，引导发电企业的设备管理工作向适应市场竞争的方向发展。

(8)监测诊断技术的集成问题。

各种监测诊断技术正在为发电企业所接受，但由于技术领域的不同和诊断目标的差异，即使针对同一个对象，技术也是相对孤立的。这导致系统的数量膨胀和信息不一致，到一定程度时会阻碍监测诊断工作的健康发展。

建议有关部门开展监测诊断技术的集成和融合研究，提高监测诊断效率和准确性。

(9)人员培训问题。

推行状态检修需要一支掌握现代设备管理理念、高素质、责任心强、勇于创新的职工队伍，总结各试点单位的实施经验，摔打出了一支好的队伍。但是，准备推广的企业已经没有必要再重新尝试同样的老路，摸索若干年后积累一支人才队伍，而应学习成功经验，借助力量快速培养人才。

建议组织规范和有效的专业培训，有针对性地培养有关适应设备状态检修要求的专业人员。培训应按不同层次进行，内容各有侧重。决策层人员的培训以设备状态检修的基本概念、先进管理理念和管理方法等内容为主。专业层人员的培训以了解和掌握设备状态检修的具体实施方法和各项相关技术等内容为主。操作层人员的培训以掌握有关仪器仪表的使用方法和基础的分析技术等内容为主。

此外，尽管已经作了很多宣传和努力，对状态检修基本概念的认识仍然不能很好统一。主要原因是术语字面意思和内涵的理解差异。根据原国家电力公司的《火力发电厂实施设备状态检修的指导意见》和国内有关专家长期研究的意见，目前所提“状态检修”本质上是集预知检修、计划检修、事后检修和主动检修为一体的优化检修模式。很多专业人员都认可和采纳了这个定义。但是，状态检修从字面上理解，更容易与基于状态的检修或预知检修靠近，更多的人仍然停留在这一种理解中，故概念上形成一定混乱，对状态检修工作的推广不利。因此，建议将具有上述内涵的状态检修改称为优化检修,而状态检修则回归为与“基于状态的检修”同样的概念,使文字表达与内涵的关系理得更顺畅。解释后一种优化检修和状态检修的概念,比解释前一种有丰富内涵的状态检修概念要容易,人们理解也更自然。

2. 国外发展状况

国外的发电设备状态检修发展较早。开始于1970年,由美国杜邦公司I. D. Ouinn首先倡议。20世纪70年代末,美国电力科学研究院(EPRI)就对电力设备的状态检修进行研究和应用,目前已向RCM(Reliability Centered Maintenance)发展。日本是从20世纪80年代开始对电力设备实施以状态分析和在线监测为基础的状态检修的。而欧洲大多数国家也正在进行检修体制的改革,方向也是状态检修。到目前为止,基于计算机网络技术的设备管理、事故分析和预警系统在美国、加拿大等国已普遍应用,且已发展了几个版本,如Integrated Maintenance System等。这些软件系统应用Intranet、Internet及GIS(地理信息系统)等最新的计算机技术,将状态管理、事故预警和事故处理进行有机的集成,大大改善了其设备监督管理环境,提高了监督管理水平。

美国电力研究院(EPRI)设计的变电站的一体化系统,采用低成本传感器和先进的诊断方法来监测变电站设备的健康状况和性能。这些工具设计为独立发挥作用,但若集成化,它们可在改善系统可靠性的同时降低变电站监测的成本。EPRI一体化系统的方案以实施RCM开始。RCM是在状态分析的基础上,以设备重要性和性能数据为依据对监测和检修任务优化排序的方法。因此,状态检修是实行RCM的前提。

1992年,美国的Applied Economic Research公司首次对燃煤电厂运行维修费用和可靠性的关系进行统计学研究,为RCM提供参考。

1993年,EPRI针对大型联合循环发电机组的燃气轮机,组织开发了集振动在线监测、空气动力学性能分析、红外温度监测以及其他特殊传感器及检测技术为一体的系统,以提高设备的利用率和维修效益。1994年,美国ERIN工程咨询公司专门研究了常规电站采用RCM的费用和回报。澳大利亚Parsons电力公司的Ham,P.A.L.等针对汽轮发电机组状态监测系统的集成发展趋势提出了三点看法：针对已知问题建立监测系统以保证设备在安全状态和预期寿命期内工作；开发性能监测系统，提高运行效率，确定检修期；在 DCS 总线的基础上构造状态监测及故障诊断系统。

1994 年，美国的三里岛核电站总结了从 1988 年开始推行 RCM 的工作。三里岛核电站 2#机组 1979 年曾经发生过令世界震惊的事故，部分机组关闭了六年半以后重新启动，到 1989 年其负荷率已在 22 个国家 359 个核电站中名列前茅。总结表明，实施 RCM 后设备故障率明显下降，节约的费用已远超过实施成本。这是当时在电站最全面应用 RCM 的示范工程。

1995 年，英国 Brunel 大学 Harris，T. 等人的文章介绍了欧洲尤里卡计划（EUREKA）的项目 MainE（Maintenance Availability in Europe），该项目的一个重要部分是为状态检修研究开发汽轮机的在线智能多传感器融合诊断技术，技术的核心是人工神经网络信息融合。美国 Rosemount Analytical 公司研制了应用于状态检修的新一代智能燃气在线分析仪，它能够在线监测运行参数，通过与设定的闭值比较，确定设备的维修周期，实现状态检修。

1997 年，美国的 Lukas，Malte 等研究了基于润滑油状态监测的状态检修体系，指出润滑油监测、振动监测、性能监测和红外温度监测是状态检修的基本检测手段。西门子公司的 Schade，H. 等报道了对水电设备进行监测和趋势分析，推行状态检修的一个实例。EPRI 的 Viswanathan，R. 等总结了过去十年中，对在高温下工作的汽轮机转子的状态评价研究，指出准确的评价结果可以决定维修过程、维修周期以及优化运行的效果。Nalt 热电公司利用专家系统辅助 RCM 的实施，并在一家燃煤电厂获得成功。

20 世纪 90 年代以来，以可靠性为中心的维修（RCM）主要在美国广为应用，在发电设备维修领域，核电站比常规电站表现得更积极。美国对维修实践进行了总结，认为传统维修存在的不足主要是：

（1）主动进行维修或检查不够；

（2）不能解决频发性故障多的问题；

(3)维修工作管理落后,容易犯错误;
(4)对良好的维修实践未能条例化;
(5)不必要的或保守的预防性维修多;
(6)维修的目的性不明确;
(7)检修工作的技术记录和成本分析不全;
(8)过分依靠制造厂商;
(9)同类机组的检修经验交流不足;
(10)状态检修的项目少。

而 RCM 是能解决这些问题的优化维修方式。美国的相关机构如 ASME 、EPRI 等都推出了以 RCM 为主的一系列维修技术方案和相关系统,并已在美国国内外多家企业推广应用,取得了良好效果。

状态检修在美国已经是一项被广泛应用的技术。据统计,美国 1 000 家公司中,68% 的公司使用了有关故障诊断的产品,正在逐步实施状态检修。这些公司涉及的行业包括能源、交通、冶金、汽车、石化、造纸、食品等。美国 70% 的电站、电网不同程度地使用了状态检修技术。

在被称为第四媒体的因特网上,有预知维修(Preditive Maintenance)信息的网页已经超过 13 000 个,其中有一半是各种公司提供预知维修产品和服务的信息,而这些公司大多数都成立不超过十几年。这样的发展速度是令人吃惊的,它同时也表明,预知维修正在为全世界所接受,是设备维修和管理的发展方向,有广阔的市场,孕育着无限商机。对这 13 000 多个信息网页进一步调查发现,涉及能源动力的有6 000 多个网页,涉及电力的有 2 300 多个网页,涉及热力发电的有 1 000 多个网页,涉及核电的有 1 500 多个网页,涉及水电的有 18 个网页,涉及能源动力 RCM 的有 4 900 多个网页。对具体设备而言,涉及汽轮机的有约 700 个网页,涉及发电机的有 1 200 多个网页,涉及锅炉的超过 370 个网页。尽管在这些网页上,商业宣传气息浓重,真正能做预知维修工作的远没有这么多,但当今世界上在这个领域中的著名公司和机构都在其中。

国外已经进入中国市场的、在开发和推广应用状态检修技术方面比较著名的机构有:美国电力研究院以及其监测诊断中心(EPRI M&D Center),美国 CSI 公司,美国 ENTEK-IRD 公司,以及一些仪器公司,如 Bently 公司、BMA Advance Maintenance & Cleaning 公司(西马力),其他主要以红外测温设备为主的公司等,它们已将多种诊断和检修系统运用于电厂锅炉、汽轮机、发电机系统、辅机系统以及输变电设备上。CSI 已和 EPRI 费城 M&D 合并,并在 1999 年 4 月与拥有 MAXIMO 软件的 PSDI (Project Software & Development Inc .)公司结成合作伙伴,使 CSI 的 32-bit RBMware 和 MAXSIMO 结合,优势互补,抢占市场。到目前为止,CSI 已经成功地为美国国内外六十多家大型电力公司提供了优化检修的服务。ENTEK-IRD 是较早进入中国市场的提供振动监测产品和系统的公司,目前也在推行其状态检修解决方案。

除那些既提供硬件产品又提供维修解决方案的公司外,还有一部分公司着力开发计算机化维修管理系统 CMMS (Computerized Maintenance Management System)。目前世界上的 CMMS 系统大约有 200 种,绝大多数是针对预防性检修而设计的,只有少数系统有状态检修功能。CMMS 系统是状态检修的基础,已经在发电企业中推广应用。

1.2.2.3 **实施效益**

推行状态检修的经济效益是巨大的。也正是由于这一点,状态检修在国内外的研究与应用迅速推广。作为世界经济的领头羊,美国是第一批受益者。根据美国对典型电站开展状态检修的统计,在 400 ~ 1 300 MW 的电厂成功应用状态检修技术后,每年可获得 162 万美元净收益,其投资及回报的累积数据见图 1-12。

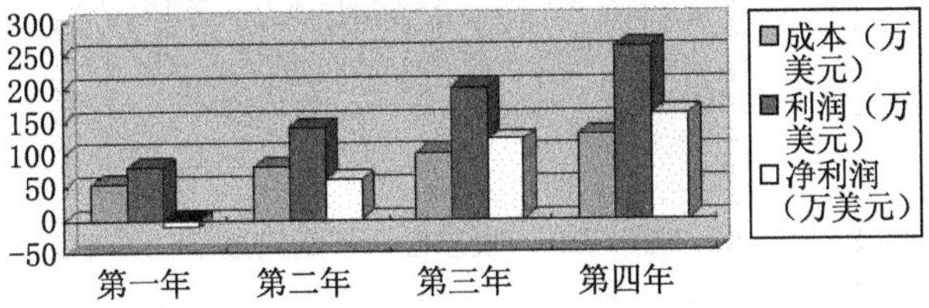

图 1-12　状态检修的投资及回报

美国电力研究院研究报告指出，通过其监测诊断中心在火电厂推行汽轮机叶片和轴承状态在线监测、锅炉炉管和加热器泄漏在线监测以及汽轮机凝汽器清洁度在线监测等技术，为一个电厂平均每年节省200 多万美元费用。

美国费城电力公司(PECO)的埃迪斯通(Eddystone)电厂作为美国电力研究院维修诊断中心（ Maintenance & Diagnose Center)的试验电站，在四台机组(2 × 320 MW + 2 × 400 MW)上运用状态检修技术，先后安装了 40 多套各种监测诊断系统，大修期由 3 ~ 5 年延长到 6 ~ 8 年，小修期由 12 个月延长到 18 个月，5 年收益 250 万美元。杜克电力公司的奥康尼核电站运用状态检修 1 年收益 150 万美元。此外，该公司对几台水电设备进行状态监测，节约维修费用 100 万美元。Coronado 电厂采用状态检修后的收益是每年节约运行维修费用约 200 万美元，并且减少非计划停运时间 10 d。新墨西哥州公共服务公司的 San Juan 电厂仅因改进锅炉除灰，就获年收益 40 万美元。

如前所述，推行状态检修后，检修及管理效率提高，设备大修间隔延长和小修频率降低，杜绝了不足维修或过剩维修，减少了重大事故的发生，提高了设备的可用系数，降低了企业经营成本，从而获得效益。实行状态检修所带来利润的主要构成情况见图 1-13。

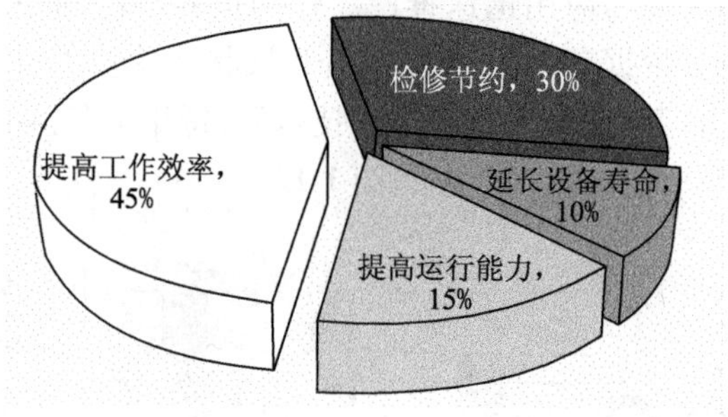

图 1-13　状态检修利润构成

在国内，发电设备状态检修工作通过试点，在电力生产领域已经取得了初步的应用成果，设备临修减少 10 % 以上 ，大修工作量减少 20% ，部分维修工作周期大大延长：

220 kV 断路器	3 ~ 4 年	4 ~ 7 年
变压器	5 年	10 年
预防性试验	1 年	2 年

总结国内外的实践，在电力行业中推行状态维修的直接效益主要有：

(1) 节省大量维修费用；

(2) 提高电力设备可用系数；

(3) 增加发供电能力；

(4) 延长设备使用寿命；

(5) 确保发供电可靠性；

(6) 降低维修成本，减少维修风险。

第2章　发电设备状态检修的实施

2.1　实施方案

美国电力研究院(EPRI)分别于1994年、1998年三次发表了有关实施状态检修指导方针的报告,就美国对电力行业发电设备状态检修的基本认识进行了阐述。事实上,具体到设备时,状态检修的实施环节主要有检测、分析和诊断、预测、检修决策、检修实施、检修评估。在实际运作中,状态检修是一个涉及经营、管理、技术等多个部门的综合性课题,管理协调量大。EPRI报告的核心是综合调动所有方面的潜力和能力,积极采用先进的管理方式和技术成果,以可靠性为中心,逐步在发电厂增加状态检修的实施范围。可见,在状态检修实施时,要有宏观的管理理念,从总体驾驭检修工作。由于各个企业千差万别,内部管理方式和方法迥然不同,因此如何形成一套切合自身实际的状态检修实施方案非常必要。总体而言,状态检修实施方案包含以下基本内容。

2.1.1　资料收集

对电厂设备实行状态检修是一项具体的工作。因此,调查清楚电厂的基础信息至关重要。要尽可能从设计、制造、安装和运行各个环节收集资料,要以现代化信息管理手段,详细记录现场数据,采集设备实时状态数据,加强定期测试,累计试验数据,形成原始资料。至少包括:

(1)电厂基本情况:全厂设备的技术参数、厂家设计规定与投运时间、机组运行方式等。

(2)机组运行和维修的基本情况:机组运行性能参数、故障主要原因、机组现行检修方式和检修周期。

(3)发电厂检修期望值:明确通过状态检修要实现的目标,对检修工作的考核指标。

2.1.2 人员准备

人是实施状态检修的关键。成功实施状态检修需要电厂所有人员思想高度统一,对状态检修基本原理及实施过程认识高度一致。要实现这一目标,只有通过细致的培训才能完成。除了对一线生产技术人员的培训,重点要对管理决策层人员进行培训。既要培训检修决策、检修管理、技术实施、检修评估方面的知识,还要培训对状态检修认识方面的知识和与状态检修相关的先进技术,以全面提高状态检修知识水平。

2.1.3 现状评估

状态检修在技术层面的实施,前提是有一套完整的集监控系统、监测诊断系统和管理系统于一体的综合系统。最终的一体化系统至少应该包含以下功能:

(1)设备数据记录;

(2)维修任务数据库管理;

(3)工作程序的创立;

(4)工作任务的跟踪;

(5)维修任务分部控制;

(6)维修规划和时间计划。

因此,对原有分立各子系统需要按照统一的规划进行改造升级或功能完善,有必要对原系统优劣做出客观的评估。评估改造主要有两方面的内容:

(1)对现有的运行和设备管理系统进行评估。

从能否支持状态检修决策任务的角度出发,对现有的运行管理系统进行评估,辨识出原系统适合状态检修的部分,找出不适合状态检修的部分。

(2)对现有系统改造方向进行评估。

对于原有系统不适合状态检修的部分，与系统开发专家或供货商进行技术交流，对照状态检修一体化系统的要求，从技术条件、要求、规格等方面做出改进规划。在开展该项评估工作时，也要充分考虑电厂所需的特殊功能和运行维修工作站要求，对必要的系统进行改造，避免不必要的浪费。

2.1.4 可靠性评价

要制订状态检修计划和实施方案，考虑的重点是通过设备可靠性评价掌握各设备对系统可靠性的影响。设备可靠性评价的目的是从成本、效益、安全和环境的角度系统评价设备对生产过程的重要性。通过这项工作，就能确定发电厂设备维修的关键因素。主要任务如下。

2.1.4.1 人员基本培训

由于设备可靠性评价工作非常复杂，任务十分繁重，还需要各专业人员参加，因此需要在开始工作之前，对参加工作的全体人员进行具体工作的培训，确保参与设备可靠性评价工作的人员理解可靠性评价工作的要求、程序及基本原理。

2.1.4.2 确定评价对象和程序

按照设备的功能划分层次，确定各层次要考虑的参数和系统范围，制定明确的工作要求，准备标准数据采集表，定义过程和系统的专有名称，明确对设备和系统重要程度的评价程序。

2.1.4.3 设备参数重要性排序

依据操作规程、运行要求等技术文件，对设备主要参数的重要性进行排序。

2.1.4.4 挑选基本参数

可靠性评价不可能对所有参数进行同等对待，需要掌握对设备有重要影响的参数。因此，需要按参数的重要度选定有限的、最有代表性的参数，作为可靠性评价的基本参数。

2.1.4.5 全面可靠性评价

全面可靠性评价主要涉及以下工作：

(1)采集原始数据；

(2)确认系统界限；

(3)分析故障模式；

(4)设计运行维修工作站功能；

(5)确定关键和非关键设备名单；

(6)审查确认现有任务。

2.1.4.6 优化检修任务

检修任务与检修方式的确定如图 2-1 所示。

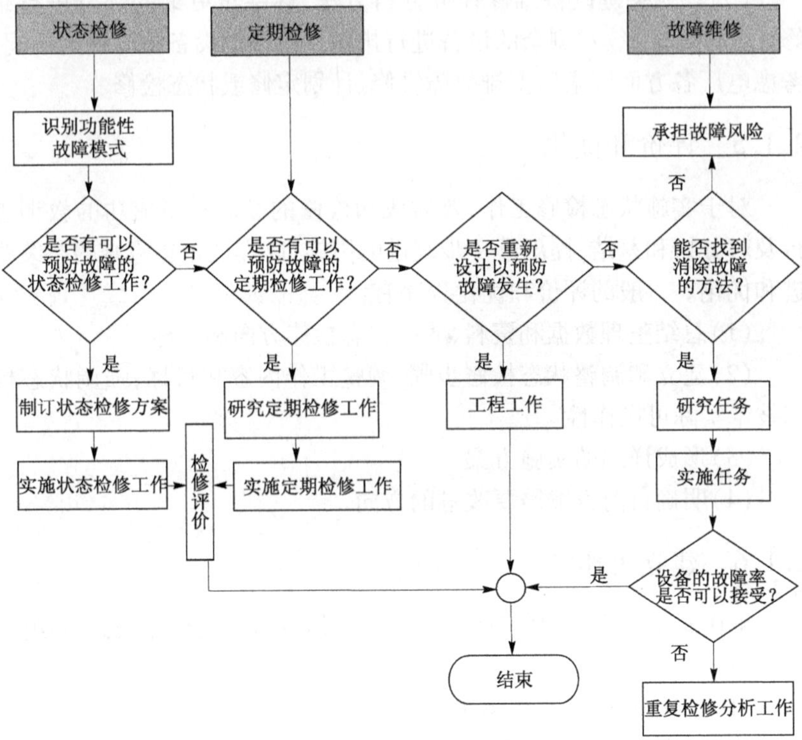

图 2-1　检修任务与检修方式的确定

(1)按照划分的系统，由对电厂设备影响程度选择重要参数和决定系统排序。

(2)设备的重要性根据设备对系统操作的影响、对系统可靠性的影响以及对维修费用的影响进行评价。

(3)依据排出的设备顺序,确定关键设备,并根据关键设备自身的可靠性,提出优先维修的建议。

(4)根据关键设备优先维修顺序,分析确定维修内容。综合利用电厂现有工程技术人员的知识经验、现场数据、设备历史数据,进行失效模式及后果分析,研究确定必要的维修任务和维修方法,消除设备缺陷,减少设备故障。

(5)参照关键设备维修任务分析方法,逐层对更细的部分进行维修任务分解,继续对剩余的设备进行排序。可根据设备重要性的不同,考虑电厂各方面因素后安排故障维修、计划定修或状态检修。

2.1.5 评价和优化

对于实施状态检修工作,要对成功检修的经验和不成功的教训进行及时分析和总结,提出进一步改进的措施,以实现状态检修的持续改进和优化。一般的评价和优化程序有:

(1)总结整理数据和资料,明确状态检修方向和目标。

(2)建立和调整状态检修步骤,调整工作内容和目标,强调状态检修技术实际可操作性。

(3)形成详细的实施方案。

(4)明确目前方案需要改进的方向。

2.1.6 建立工作站

工作站是一个庞大的系统,涉及多个领域,它的建立需要精心组织和实施。

(1)设计、确定计算机系统界面;

(2)确定数据库形式和相应资料来源接口;

(3)设计电厂网络布局、信息形式及接口;

(4)开发网络文件/打印服务;

(5)集成服务器硬件;

(6)开发各种数据输入方式的接口和软件;

(7)开发参考数据的应用方式及软件；

(8)设计报告输出功能；

(9)提供详细工作站文档；

(10)培训工作站使用人员。

2.1.7　实施前的人员培训

状态检修计划和技术能否成功实施关键取决于具体实施人员对状态检修知识的掌握程度。因此,在状态检修工作具体实施之前,要加强培训工作,尽可能做到全员培训。培训的重点内容放在状态检修的基本原理、实施过程,尤其是技术运用上。例如,常见的静态诊断仪器的使用(如万用表的使用)、汽蚀分析技术、在线监测诊断系统使用以及其他一些相关的新技术知识。

2.1.8　建立技术支持系统

要实现状态检修,发电厂需要对原有系统进行完善。在注重系统性和协调性的基础上,要根据各自特点补充相应的技术支持系统。常用的技术支持系统有:

(1)红外热成像；

(2)在线连续振动摆度监测与诊断专家系统；

(3)温度监测；

(4)运行性能监测；

(5)变压器色谱监测；

(6)汽蚀磨蚀监测；

(7)发电机状态监测(漏水、漏氢、绝缘监测等)；

(8)数据自动采集系统(采集和收集各种操作、设备状态、运行数据)。

2.1.9　系统集成

对于各分系统,采购、安装和使用后要集成为运行维修工作站。运行维修工作站必须能与发电厂已有的控制系统、MIS 系统和维修管理系统实现有效连接,实现数据共享。

2.1.10 支持与培训

发电厂在推行状态检修工作时，需要得到上级有关管理和技术机构的全过程支持，各种、各层次培训更是要从一开始就经常性地进行，这样才能使状态检修工作在一个较高的水平上健康持久地开展下去。

这个策划方案基本反映了当前美国在发电厂实施状态检修的思想。可以看出方案非常重视人员培训以及领导思想观念的转变，在采用维修方式上所持态度是灵活的，工作的一个重点是设备的可靠性分级，最后还是落实到先进的技术和管理系统。

2.2 实施步骤

经过国内外状态检修多年的实践，通过总结分析，结合检修工作的特点，可把实施发电设备状态检修分为四个基本步骤，见图 2-2 。

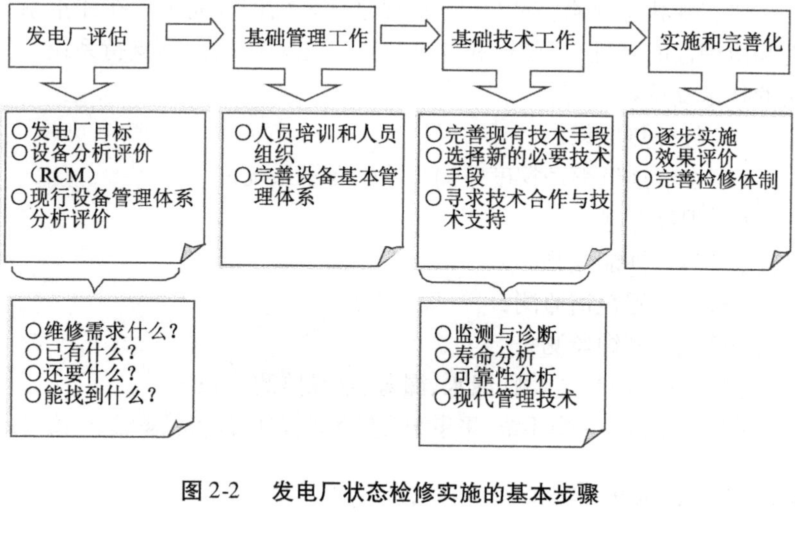

图 2-2 发电厂状态检修实施的基本步骤

2.2.1 评估

对发电厂进行评估是首要工作。评估主要解决四个方面的问题：

(1)明确发电厂实施状态检修的目标,即发电厂究竟需要什么,这个需求要具体化。

(2)评估设备可靠性和重要度,这是决定整个检修策略的关键。

(3)评估现有的设备管理体系,掌握现有的可以支持状态检修的技术、装备、系统和管理体系,明确需要补充完善的技术支持和管理手段。

(4)研究现有的技术和维修管理方式,找出能为发电厂所用的成熟的产品、系统和解决方案。对于没有现成产品或服务的项目,确定技术开发的原则和方向,选定合作方。

2.2.2 管理

抓好状态检修基础管理工作主要有四个方面的任务:

(1)抓不同层次人员培训和状态检修实施中的人员组织。

(2)抓设备的基本管理体系完善工作,继续发挥和改进被生产实践证明有效的管理功能,以适应状态检修的需要。

(3)抓计算机化的维修管理系统集成。

(4)抓运行维修工作站的实现。

2.2.3 技术

状态检修的实现离不开先进技术的支持,但也不能一味追求新技术。应该首先完善已经采用的技术,再进行补充和完善,引进新的技术手段,构建完整的技术平台。引进新的技术、产品、系统和服务应该经过严格的论证,做好经济分析,选择最优方案。

2.2.4 优化

状态检修要全面贯彻实施中优化、改进中实施的策略,要稳步推进、持续改进。稳步推进的意思是选择部分设备或选择设备的部分检修项目开始实施,取得经验,不断推广。持续改进的意思是依靠对检修工作和检修效果的评价,包括对检修本身的评价和是否达到发电厂预计目标的评价,将评价结果用于完善检修策略和检修方案。

上述四个基本步骤从总体上阐述了状态检修的实施过程。当然，在具体实施时，还要对每个步骤进行细化，以具备操作性。

2.3 支持系统

实施状态检修需要三大支持系统，即设备监测与诊断系统、运行检修决策系统（运行检修工作站）和设备综合管理系统，见图 2-3 。三大支持系统的基本作用如下。

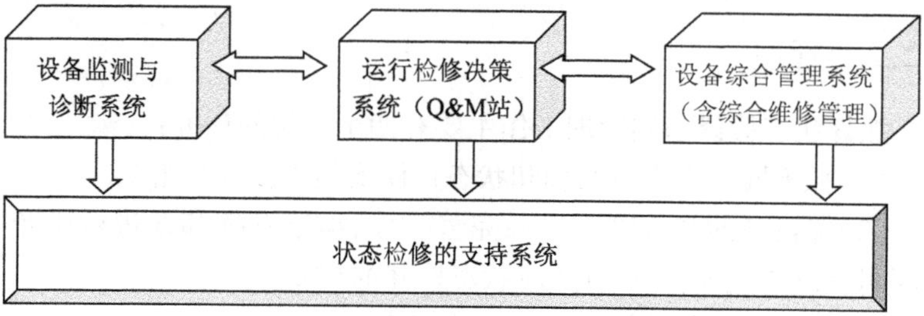

图 2-3 状态检修支持系统示意图

2.3.1 设备监测与诊断系统

发电设备状态检修的一个重要技术支持就是设备监测与诊断系统，监测与诊断系统包括大型在线监测诊断系统和便携式监测诊断仪。设备监测与诊断系统的作用是对设备的运行状态、运行参数进行监测和分析，并得出故障诊断结论。

2.3.2 运行检修决策系统

运行检修决策系统即所谓的运行检修工作站，它帮助管理人员根据诊断结果进行维修方式的选择，对维修费用、效益进行评估，提供检修决策支持，把监测诊断系统和维修管理系统连接起来。由于决策中的许多不确定性因素的影响，自学习是运行维修决策系统的重要功能。

2.3.3 设备综合管理系统

设备综合管理系统实现对设备的动、静态管理和检修过程管理，它包括设备数据综合管理、缺陷管理、检修工作立项、人力物力需求管理、检修费用管理、检修进展过程跟踪管理、检修效果评定和工程验收，以及跟踪检修过程中设备状态的变更等。

上述三大支持系统在使用中有不同的特点。设备监测与诊断系统由于诊断的项目可以不断扩大，系统可能会逐渐增多，称为一个"系统群"。理想情况下，不同的监测与诊断系统应该在同一个标准下集成，共享资源和数据。运行检修决策系统和设备综合管理系统属于基础性的管理系统，能与各种不同的诊断技术和系统接口，提供先进的决策模型和管理思想。从投入来讲，运行检修决策系统和设备综合管理系统的建立应该在比较高的起点上，充分利用已经具备的 MIS 网络资源，使一次性建设投入后再发生的费用很少。而状态监测与诊断系统则不是一次投入后能全面实施的，应该从最需要的部分开始，在实践中逐步扩展。所以，投入的重点将发生在监测与诊断系统部分。

第3章　发电设备状态检修管理

状态检修作为一种先进的检修方式，是建立在传统检修管理经验和先进科学技术的发展与应用基础之上的。对设备检修而言，它是设备全过程管理的一个重要环节。因此，状态检修工作的管理是一项系统管理工程，不仅需要继承和发扬传统检修管理中的成熟经验，而且还需要研究和探讨在新的检修方式下所涉及的一系列管理方面的问题，如状态检修工作的技术组织、数据的综合管理、检修风险分析与决策、备品备件的管理、具体实施过程的管理、相应设备管理政策的制定、对检修效果的评估、专业人员的培训与机构的设置等。同传统检修管理相比，状态检修的管理工作最主要的改进是用科学的分析和组织方法，融合传统的经验，进而代替主要依赖经验制定的检修规定、检修工艺及评估标准。状态检修管理的基本框架见图3-1。

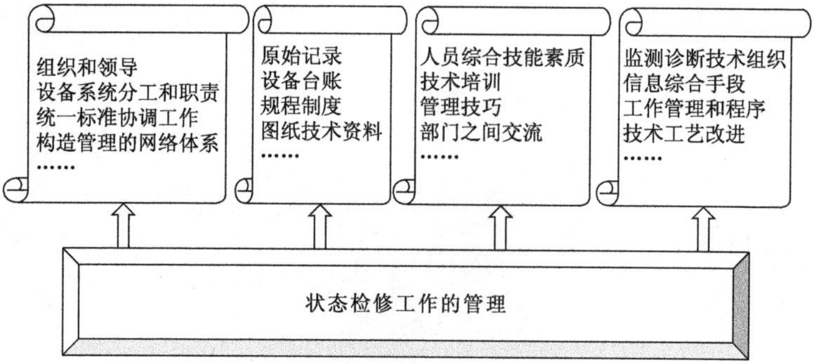

图3-1　状态检修工作的管理

3.1　基本原则

状态检修工作就是通过对发电设备进行静态和动态的监测和诊

断，掌握发电设备的性能和健康状况，然后进行综合分析和评价，最终作出检修决策和计划的过程。所以，在实施发电设备的状态检修时，需要遵循如下基本原则：

(1)发电设备实施状态检修必须坚持“安全第一”的思想，遵循以效益为中心的原则。在实施状态检修的过程中，一定要按科学规律办事，既要最大限度地提高设备的利用率，也要防止盲目延长设备的维修间隔，造成设备失修。

(2)发电设备实施状态检修是一项复杂的系统工程。建立一个组织严明、责任明确、标准统一、协调工作的网络体系是推行状态检修工作的关键。

(3)发电设备实施状态检修是建立在发电设备的基础管理工作之上的，没有诸如原始记录、设备台账、规程制度、图纸技术资料、人员培训等基础管理工作，就不可能管理好设备，实施状态检修也就是一句空话。因此，推行状态检修首先必须做好发电设备的基础管理工作。

(4)发电设备状态检修是科学技术发展的产物，因此加强人员综合技能素质的培训，加强各部门的沟通交流，提高管理技巧，造就一批高素质的人才是推行状态检修工作的基本保证。

(5)先进的检测、诊断、分析技术和装备是实施状态检修的必要手段，因此推行状态检修工作，必须加强对状态检修工作的技术组织、信息的综合应用、技术工艺改进工作的管理和协调。

3.2 基础管理

实施状态检修管理工作的一个重点是搞好设备的基础管理工作。经过几十年的生产实践和经验总结，如果基础管理跟不上，即使装备再好，也不可能创造出最优的经济效益。我国电力工业过去在发电设备基础管理方面有许多成功的宝贵经验，如班组建设、设备巡检、问题会商等，这些经验是推行状态检修工作的基本保证，是推行发电设备状态检修体制的基础性工程。因此，推行发电设备状态检修工作，首先要做的事就是搞好发电设备的基础管理工作。

3.2.1 班组建设

班组是生产企业最小的、最基层的组织机构，班组建设的好坏直接关系到设备运行的好坏，更会影响企业能否正常运行。因此，班组建设是企业管理的基础。班组建设主要包括基层建设、基础管理和基本能力三项工作。只有做好了班组建设，才能建立良好的电力生产秩序，才能实现发电设备管理的现代化。

3.2.1.1 基层建设

基层建设的目的就是要建立一支作风过硬、纪律严明、技术扎实的工作团队，运行好设备，维护好设备，管理好设备。班组作为电力企业组织生产活动的基本作业单元，是企业管理的基础和一切工作的落脚点，因此基层建设工作的重点就是做好电力企业班组的建设工作。

做好班组建设工作的基本原则如下：

(1)班组建设应满足电力生产的需要，应根据电力生产过程中设备系统的分工、工作的性质和范围、便于组织和指挥生产的原则进行设置。

(2)班组长既是基层生产组织的指挥者，又是直接参加生产活动的工作者。班组长的培养配备对做好基层建设工作至关重要，因此要选拔责任心强、熟悉技术业务、能吃苦耐劳、善于团结同志、有组织能力的生产能手担任班组长。

(3)班组人员构成应合理，定员要符合管理跨度和工作效率原则，保证有效管理和班组工作任务的完成，人员构成上应配备一定的技术力量，高、中、低级工人应适当搭配。

(4)建立健全班组管理制度和标准，加强班组计划管理，使班组每一位成员都明确自己的岗位职责、工作目标、工作任务和工作标准。

(5)建立符合自身特点的考核激励机制。考核激励机制应包含生产管理的方方面面，不能太笼统，应有具体可执行的标准，同时，注意考核指标设置的合理性。

3.2.1.2 基础管理

基础管理是指电力生产企业在实际生产活动中，为保证企业生产目标和任务的完成所开展的诸如原始记录、设备台账、规程制度、设备技术档案和资料、定期试验、缺陷管理等一系列基础性的管理工作，通常这些工作是依靠基层组织即班组来完成的。

主要的基础管理工作如下。

1.原始记录的管理

电力生产企业的原始记录一般包括操作记录、运行记录、设备缺陷记录、开关分合闸记录、继电保护记录、检修记录等。

操作记录由操作人、监护人或有权受令人填写，操作记录的填写内容包括发令人和受令人姓名、命令编号和内容、受令时间以及操作的具体项目、内容和时间，电气设备和重要热力设备的操作要执行操作票和操作监护制度。

运行记录由值班长记录，在交接班之前应填写完毕，填写内容包括系统情况，设备投运、备用、停运情况，设备检修、安全措施布置情况，保护、自动装置及仪表运行情况，事故处理情况，异常和缺陷情况，调度和上级有关运行的通知和指示，受理工作票的份数、内容，有权发令人口头命令指示等。

设备缺陷记录由设备缺陷发现人或设备专责人填写并及时报告有关领导或班组进行处理，填写内容包括缺陷内容、发现人、发现时间，缺陷分类、通知处理缺陷的部门和责任人，消除缺陷的时间、消除人、验收人及专责人，未消除的缺陷应及时上报说明原因，填写上报时间、单位、上报人姓名等。

开关分合闸记录由运行操作人或监护人填写，填写内容包括开关事故跳闸、限电、改变运行方式、试运等分闸次数，历年累积数，上次大修时间等。

继电保护记录由继电保护工作人员填写，并应及时向运行值班人员交代清楚，填写内容包括试验人员在继电保护装置上的工作项目或内容、定值整定情况或接线变更情况、试验中发现的问题和处理情况、继电保护和自动装置动作情况等。

检修记录由检修人员填写，填写内容包括检修设备的名称、检修性质、内容、检修中发现的问题、处理结果、遗留问题、调试和测试参数、设备检修人、专责人、检修负责人、验收人等。

根据各电力生产企业在实际生产活动中的不同需要，还有诸如安全记录、运行分析记录、节能分析记录等许多各式各样的原始记录，这些原始记录都从不同角度反映了电力生产企业的生产运行情况和设备的状况，是电力生产企业管理不可缺少的基础工作。

2. 设备台账的管理

设备台账是设备全过程管理的一项基本工作，设备台账应齐全，记录应完整，字迹应清晰。设备台账记录的内容一般包括设备规范型号、制造厂家、出厂年月、投产日期、主要技术参数和备品储备定额，重要设备还应包括设备制造过程中的有关参数记录，设备运行过程中发生的故障、原因分析、处理方法和过程，设备历次检修的日期、内容、检修性质、检修前后设备的状况、测试数据、检修中消除的缺陷、设备的局部变更或更新、检修后存在的问题及采取的对策、检修中消耗的材料和工时以及工作负责人、验收评价和验收人等。

设备台账是设备全寿命周期健康状况的完整记录，是发电设备实施状态检修工作不可缺少的重要依据。

3. 规程制度的管理

规程制度是以文字形式对生产经营活动所作出的规定，是企业员工必须遵循的工作规范和准则。现代电力企业是一个组织严密、分工细致、协同一致、纪律严明的有机体。为保证电力生产企业有效地组织生产，必须正确处理人与人、人与技术装备、人与物质资源之间的关系，这就需要建立健全各项科学管理制度，以实现企业管理的规范化和制度化。我国电力生产企业经过几十年的发展和生产实践，已总结和建立起了一整套行之有效的规程制度体系，如电力生产企业的“三项规程”、“十项制度”等，这些规程制度为建立电力生产秩序提供了基本保证。

“三项规程”指安全工作规程、运行规程和检修规程。“十项制度”指岗位责任制度、运行管理制度、检修管理制度、设备管理制度、安全管理制度、技术培训制度、备品配件管理制度、燃料管理制度、技术档案与技术资料管理制度、合理化建议与技术革新管理制度。随着现代科学技术的发展和管理水平的提高,管理制度也在不断充实新的内容,如可靠性管理、全面质量管理、系统工程和网络技术管理等,管理制度正朝着科学性、先进性的方向不断完善和发展。

4. 设备技术档案和资料的管理

设备技术档案是记述和反映电力生产企业基本建设、生产技术、科学研究等活动的,具有保存价值的,并按一定的归档制度作为真实历史记录集中保管起来的设备技术文件材料,它包括图纸、照片、报表、文字材料等,如制造厂提供的成套安装图、施工图及设备说明书,运行操作系统图,各种设计计算书,安装、大修、运行、事故、各种试验的原始记录等。设备技术资料指根据本企业技术档案复制的、供本企业内部参考和对外交流或从外部收集的供本企业参考的有关设备资料,如各种技术档案的副本、收集的外单位技术图纸资料文字说明书、各种设计手册、技术资料汇编、专题总结等。

设备技术档案和资料的管理应严格按国家、主管部门及企业的有关科技档案管理制度和标准的要求,由企业档案部门集中进行管理。科技档案的管理制度和标准一般包括设备技术档案的归档原则、各部门技术文件的形成要求、归档范围、归档办法及要求、归档时间、分类与密级划分、保管年限等内容。

5. 三项措施计划

三项措施计划指技术组织措施计划、反事故措施计划和安全技术劳动保护措施计划。技术组织措施计划是电力企业为保证安全高效发供电、全面完成年度计划任务,在生产技术和管理组织方法方面所采取的改进措施工作计划。技术组织措施一般包括反事故措施,安全技术劳动保护措施,生产技术培训措施,提高设备可靠性和利用率措施,改进技术经济指标及节能措施,提高设备机械化、自动化水平措施,消除设备缺陷和薄弱环节的措施,技术革新及更新改造措施,环保措施,采用现代化管理措施等。技术组织措施计划编制内容有措施分类、措施名称、所需的主要材料和人力、所需费用、经费来源、完成时期、负责执行人、预期效果等。技术组织措施计划一般依据企业技改规划、生产中急需解决的问题、合理化建议、科研成果的应用以及上级部门指示要求制订。

反事故措施计划是电力企业为消除本企业可能发生事故的因素和隐患而采取的防范措施工作计划。编制反事故措施计划的依据主要包括日常生产中所发现的设备缺陷和事故隐患、不符合法规要求的事故隐患、尚未完成的事故防范对策、可借鉴的其他企业反事故经验教训以及上级部门的指示命令等。

安全技术劳动保护措施计划是电力企业为保障企业员工在实际生产中的安全和健康而制订的设备改进和更新措施工作计划。编制安全技术劳动保护措施计划的依据主要包括政府及电力行业颁布的劳动保护法规、日常生产中发现的影响企业员工身心健康的问题等。

3.2.1.3 基本能力

基本能力是指电力企业生产人员在从事生产活动中,应具备的基本工作能力。具备基本能力是提高企业管理水平的重要一环,电力生产企业运行人员和检修人员的基本能力主要体现在“三熟三能”上。

运行人员的“三熟三能”指:熟悉设备构造、性能、系统布置和工作原理,熟悉操作和故障处理办法,熟悉本岗位有关规程制度;能分析运行状况,能及时发现设备故障和排除故障,能掌握一般维修技能。

检修人员的“三熟三能”指:熟悉设备构造、性能、系统布置和工作原理,熟悉检修施工工艺、质量标准和运行知识,熟悉本岗位的规程制度;能修好设备和排除故障,能掌握一般钳工工艺和常用材料性能,能看懂图纸和画简单的加工图。

随着科学技术的发展和发电设备自动化程度的提高,为了实现减人增效、提高劳动生产率,电力生产企业对运行和检修工作人员提出了新的要求。大部分电站已实现集控值班,主要岗位的值班员必须经仿真机培训合格,持证上岗,达到全能值班员水平;检修工作人员应加强轮岗培训,岗位练兵,达到一岗多能水平。

引入岗位竞争机制、加强岗位培训是练好基本能力的动力和手段。

3.2.2 资产管理

资产是企业拥有或控制的、能给企业带来经济效益的经济资源。

发电设备作为资产的固定资产形态，是发电企业从事生产活动的手段和物质基础，它的数量和技术状况标志着企业的生产能力。加强固定资产的管理，就是要保护固定资产完整无缺，提高固定资产的利用效果，降低发电成本，提高电力企业的经济效益。

3.2.2.1 **固定资产**

固定资产是指使用期限超过 1 年（不属于生产经营主要设备的物品使用期限超过 2 年），单位价值在规定标准以上（一般为 2 000 元），并且在使用过程中保持原来物质形态不变的资产。

固定资产与资产的其他形态相比具有如下特点：

（1）固定资产的使用期限超过 1 年，能多次参与生产过程而不改变实物形态，随着固定资产的逐渐磨损，其价值部分地以折旧形式计入产品成本。

（2）除土地外，固定资产的使用寿命是有限的，因此固定资产在其有效使用年限内需要通过逐年计提一定的折旧费用来实现其价值的补偿，使企业有能力重置资产，维持再生产。

（3）固定资产是用于企业生产经营活动的资产，而不是正常经营中销售的成品。

按经济用途和使用情况，电力工业企业固定资产可分为以下七类：

（1）生产经营用固定资产。包括发供电设备、输电线路、配电线路、变电配电设备、用电计量设备、通信线路及设备、自动化控制及仪器仪表、水工机械设备、检修维护设备、生产管理用工器具、运输设备、房屋、建筑物等。

（2）非生产经营用固定资产。指不直接服务于生产经营过程的固定资产，如职工宿舍、幼儿园、医院等部门的房产和各种机器设备。

（3）未使用的固定资产。指尚未使用的新增固定资产，如购入尚待安装的固定资产、进行改建扩建的固定资产等。

（4）租出的固定资产。指临时出租给外单位使用的固定资产。

（5）不需用的固定资产。指本企业不需用，经批准准备处理的固定资产。

（6）土地。指过去已经估价单独入账的土地。

(7)融资租入固定资产。指采用融资租赁方式向有关的租赁公司、信托投资公司等租入的固定资产。

3.2.2.2 固定资产的折旧

折旧是指固定资产在使用过程中,由于损耗而逐渐转移到产品成本或费用中的价值。固定资产计提折旧的过程,就其实质而言,是固定资产在生产经营过程中价值转移的过程。在这个过程中,企业固定资产形态上所占用的资金由于磨损而逐渐减少,减少的价值以折旧的形式计入产品成本费用,随着产品的销售,这部分价值又被企业以货币形式回收,用于企业资金周转,使企业在将来固定资产报废后有能力重置固定资产。

固定资产的折旧有许多方法,电力生产企业一般采用的是平均年限法,其计算公式为:

$$\text{固定资产折旧率} = \frac{1 - \text{预计残值}}{\text{折旧年限}} \times 100\%$$

$$\text{月折旧率} = \frac{\text{年折旧率}}{12}$$

$$\text{月折旧额} = \text{固定资产原值} \times \text{月折旧率}$$

3.2.2.3 资产管理制度的改革

1993 年 7 月 1 日由国家正式颁布的《企业财务通则》对企业财务制度进行了重大改革,其中资产管理制度方面改革的主要内容如下:

(1)改革资产的分类。原制度按资金来源不同划分为固定资金、流动资金和专项资金三类。新制度将企业的资产按流动性快慢来划分,将企业资产划分为流动资产、长期投资、固定资产、无形资产、递延资产和其他资产。

(2)改革流动资产的管理。原制度流动资产包括储备资金、生产资金、成品资金、结算资金和货币资金。改革后,流动资产指可以在一年内变现或耗用的资产,包括现金、各种存款、应收及预付款项、存货等。

(3)改革固定资产划分标准。原制度划分固定资产有三个标准,即单位价值在一定限额之上,使用期限一年以上且基本能独立发挥作用。新制度对企业生产经营设备不再规定其价值标准，而由企业根据具体情况自行确定，非生产用设备使用期限改为两年以上。

(4)改革固定资产折旧制度。原制度提取折旧要冲减固定基金，同时建立折旧基金，交纳"两金"后，形成企业更新改造基金，专户存储，专款专用。新制度允许多种折旧方法并存，对个别企业实行加速折旧，同时简化了折旧的分类，制定了折旧年限弹性区间，提高折旧水平。

(5)取消了提取大修理基金的办法。

3.2.2.4 财务评价指标

按照《工业企业财务制度》规定，财务评价指标有 8 个：资产负债率、流动比率、速动比率、应收款周转率、存货周转率、资本金利润率、销售利税率、成本费用利润率。各指标的计算如下：

$$资产负债率=\frac{负债总额}{全部资产总额}\times 100\%$$

$$流动比率=\frac{流动资产}{流动负债}\times 100\%$$

$$速动比率=\frac{速动资产}{流动负债}\times 100\%$$

$$应收款周转率=\frac{赊账收入净额}{平均应收费余额}\times 100\%$$

$$存货周转率=\frac{销货成本}{平均存货}\times 100\%$$

$$资本金利润率=\frac{利润总额}{资本金总额}\times 100\%$$

$$销售利税率=\frac{利税总额}{销售净额}\times 100\%$$

$$成本费用利润率=\frac{利润总额}{成本费用总额}\times 100\%$$

3.2.3 管理体系建立

经过几十年的生产实践和经验总结，我国电力生产企业已形成了一整套行之有效的发电设备管理体系，随着科学技术的发展和进步，发电设备管理正朝着注重经济效益、应用现代化管理理论和方法的方向发展。先进的管理方法是建立在传统成熟管理经验之上的,因此掌握发电设备管理的常用方法和工作程序并发展创新,是我们实施发电设备状态检修工作的需要。

3.2.3.1 **“二票三制”**

“二票三制”指电力生产企业为保证发电设备安全稳定运行所制定的管理制度。“二票”指工作票制度和操作票与操作监护制度;“三制”指交接班制度、巡回检查制度和设备缺陷管理制度。

1. 工作票制度

在生产现场进行检修、试验或安装工作时,为了确保人身和设备安全,防止事故发生,必须按部颁《电业安全工作过程》要求执行工作票制度。根据工作性质不同,工作票分机械工作票、电气第一种工作票、电气第二种工作票和动火工作票四种。需要将热力设备、系统停止运行或退出备用并由运行人员采取断开电源、隔离系统、对检修设备进行消压、吹扫等任一项安全措施的检修工作,以及运行人员需要在运行方式、操作调整上采取保障人身和设备的安全措施的检修工作,应办理机械工作票。在高压设备(>250 V)上工作需要全部停电或部分停电或在高压室内的二次接线和照明等回路上工作,需将高压设备停电或做安全措施时,应办理电气第一种工作票。在低压电气设备或系统上工作,应办理电气第二种工作票。在生产现场禁火区域进行动火作业,同时还应办理动火工作票。工作票的填写内容包括工作票编号、工作内容、工作负责人、工作票签发人、工作许可人、许可工作时间、安全措施、完工时间等,工作票先由检修工作负责人填写,一式两份,经工作票签发人审核签字后,再由工作负责人交工作许可人办理许可手续,办理工作许可前,工作许可人与工作负责人应共同到工作现场确认安全措施已完善和正确执行,共同在工作票上签字后方可允许工作。工作票一式两份,一份交工作许可人,一份留在工作负责人处。工作结束后,工作负责人应清理现场,并与工作许可人一道共同到现场检查验收,然后在工作票上签字终结工作。

2. 操作票与操作监护制度

为确保热机和电气设备的正确可靠操作，防止、杜绝人为误操作，保证人身和设备安全，生产现场重要设备的操作应按运行规程和安全规程的要求，严格执行操作票与操作监护制度。

操作票的格式和内容由设备专责工程师编制，经生产技术管理部门核准后执行。操作票由操作人填写，经监护人、值长审核签字后方可进行操作。操作前应唱票预演，逐项执行，即由监护人按操作票顺序高声唱票，操作人同时看好操作票上唱票内容，操作人复诵并用手指点应操作的部件作预演手势，监护人认为无误后发布允许操作的口令"对，执行"，然后操作人执行实际操作，严格按照操作票的顺序，每操作一项划一个"√"号，监护人勾票后方可唱读下一步项目，全部操作完毕后，操作人与监护人应核对操作票，检查操作是否正确，然后在操作票上签字。

3. 交接班制度

为了使接班人员全面及时了解生产现场设备运行情况，运行各值人员应严格执行交接班制度，把值班时和巡检时发现的设备缺陷、重大操作事故处理等情况作出全面的交代，交班时做到完全彻底，不遗漏，接班人员做到心中有数。

交接班时应做到"五交五不接"，即交班人员应做到交设备运行、备用、检修前情况；交设备运行出现的问题及处理过程中的经验教训；交设备运行方式、操作内容、系统接线变更及气候变化情况；交工具、用具、仪器、仪表、图纸、资料变动情况；交上级指示和注意事项。接班人员应做到运行方式不清不接；各运行参数不符合要求不接；记录不全、报表遗抄、领导指示没签字不接；丢失或损坏工器具、照明灯具，图纸、资料等交代不清不接；文明生产清洁卫生工作不好不接。

4. 巡回检查制度

为了掌握发电设备的运行状况，及时发现和消除运行设备的异常和缺陷，各岗位运行人员在值班期间应严格按规定的巡回检查路线、时间、项目、内容，携带必要的工具对所管辖的设备进行认真仔细的巡回检查，并认真做好巡回检查记录。在气候骤然变化、设备出现异常等特定情况下应加强对有关设备的巡查,缩短巡查间隔时间。

巡回检查时发现的设备异常或缺陷应及时报告值长,待采取必要安全措施后,方可进行处理。如值班人员无法处理,应及时填写设备缺陷通知单,并逐级汇报至值长,通知检修人员处理,对危及设备安全的大问题应立即报告有关领导,同时采取必要措施,防止事态扩大。

5. 设备缺陷管理制度

设备缺陷管理是电力生产企业设备管理的一项非常重要的基础工作,它是我们掌握设备状况、安排设备检修、提高设备健康水平、确保发电设备安全经济运行的重要手段。设备缺陷是指设备在运行或备用中有碍安全和经济、严重污染环境的异常现象。设备缺陷一般分为三类:一类缺陷指危及人身及设备安全、影响机组出力、必须停机处理的缺陷;二类缺陷指影响机组安全经济运行、影响机组出力,但可以在运行中或低谷状态下进行消缺处理的缺陷;三类缺陷指不影响机组安全经济运行、可以在机组运行中或低谷状态下进行消缺处理的缺陷。

设备缺陷管理的内容包括缺陷登录、缺陷通知、缺陷处理和验收、缺陷统计、缺陷考核等项内容。

运行和检修人员发现的设备缺陷,除不需作安全措施、能在当值处理完的小缺陷外,必须在规定的登录地点按规定要求填写设备缺陷通知单,并及时向有关领导报告,做好必要安全措施,安排消缺工作。消缺完毕后,由运行人员对消缺情况进行检查验收,签字认可后注销缺陷单。

技术部门的专职工程师应经常深入现场,了解设备运行状况和缺陷处理情况,并根据各部门统计的设备缺陷进行分析研究,找规律、定措施,避免同类缺陷重复发生,不断提高设备健康水平。

缺陷管理的主要评价指标有消缺率、缺陷复现率等,计算公式为:

$$\text{消缺率} = \frac{\text{消缺率}}{\text{消缺总额}} \times 100\%$$

$$\text{缺陷复现率} = \frac{\text{缺陷重复数}}{\text{缺陷总数}} \times 100\%$$

3.2.3.2 设备定期试验和轮换制度

设备定期试验和轮换运行工作是及时发现设备隐患、保证设备可靠运行的重要措施。运行设备定期试验与轮换工作的具体内容和要求由技术部门专职工程师制定,经主管技术领导审核批准后执行。设备定期试验与轮换工作的管理内容包括确定设备定期试验与轮换的项目、定期试验周期,确定具体的工作内容,确定谁执行、谁监护,以及执行方法和注意事项。

设备定期试验与轮换前应作好事故预想,按规程要求进行操作。定期试验中发现的缺陷应及时填写设备缺陷单,通知检修人员消除缺陷。对影响机组安全运行和出力的设备进行设备定期试验与轮换时,应经过主管领导同意并作好安全措施后方可执行。设备定期试验与轮换情况应做好详细记录,登录在操作记录本内,对因故不能进行设备定期试验与轮换的设备,应注明原因,报请主管领导批准。

3.2.3.3 设备评级

设备评级是全面检查和掌握设备技术状况、促进管好用好发电设备的一项重要工作。设备评级管理工作的内容包括设备分类、评级工作的组织、评级标准、升级计划等。

在设备评级中,一般按设备的重要性将发电设备划分为主要设备、辅助设备和一般设备三类。设备评级工作一般在下列规定时间进行:①设备大修后一个月内;②设备技术状况有明显变化时;③新设备正式投运三个月后;④主要设备每季度、辅助设备每半年、一般设备每年评定一次。辅助设备和一般设备的评级工作一般分班组进行评定,再由生产技术部门主持进行综合评定,主要设备由总工程师主持组织生产各部门进行评定。

设备评级标准分为一、二、三类,其中一、二类设备统称为完好设备,设备评级的具体评定标准参照原部颁《发电厂检修规程》。设备评级指标为:

$$设备一类率=\frac{一类设备的台数}{一类、二类设备总台数}\times 100\%$$

$$设备完好率=\frac{一类、二类设备总台数}{总设备台数}\times 100\%$$

3.2.3.4 设备检修管理

设备检修是指为了保持或恢复设备规定的功能或性能而进行的检

查、维护与修理工作。对设备检修工作进行管理就是为了有计划、有步骤、保质、保量、按时、经济地做好发电设备检修工作。发电设备检修管理工作的主要内容包括检修计划和项目管理、检修前的准备工作、检修施工过程管理、检修设备试运行和验收、检修工作总结等。

检修计划和项目的确定取决于对设备技术状况的分析、设备检修的经济性评价以及技术改造计划和三项措施计划。发电设备技术状况的分析一般包括设备的运行情况分析、设备的故障情况分析、设备检修前必要的试验分析、设备负责人和运行人员对设备状况的评价、状态监测和故障诊断情况、同类型机组的经验和教训以及技术监督情况。设备检修的经济性评价是对检修成本与检修效益的综合评价，由此决定检修的项目和设备。技术改造和三项措施计划所列项目是为了提高设备安全性或经济性而采取的改进措施，一般应根据轻重缓急、费用情况有计划地在检修工作中实施。做好检修计划的管理对于协调电力生产有非常重要的意义，这不仅是因为检修计划是电力生产企业制订生产计划的一个重要依据，而且还涉及供用电的平衡及电网运行稳定性。设备检修计划分年度、季度和月度计划，而且是一个动态调整和管理的过程，因此需用使用先进的技术和管理手段，保证检修计划的准确性和实时性，实施状态检修、建立发电设备检修管理信息系统等，就是为了达到这一目的而开展的工作。

检修前应充分做好人员的组织和学习、物资供应、质量标准、施工技术措施、安全措施、检修工器具准备与检验、外委项目的管理等各项工作，应科学合理地安排好检修进度，制订出网络计划图。

设备检修施工包括拆卸、修理和装复三个过程。拆卸过程中的管理工作包括拆卸零部件的标识和定置管理、解体检查测量和原始记录管理、静态检测和技术监督工作、解体中发现重大问题的报告、协调、处理工作等。修理、装复过程管理工作的重点是质量控制，管理的内容包括检修项目及工艺标准的执行情况检查、装复过程测量数据的记录、检修质量的分级检查验收、检修工作进度的组织协调、检修过程消耗性材料和人工消耗的管理和控制等。

检修工作结束后应进行整套启动试运行和验收工作，其工作的重点是通过整套启动试运行和性能考核试验，检验设备是否达到应有的性能指标要求，此阶段应做好试运行和试验的完整记录，并提出分析和评价意见。

检修工作结束后，应组织相关人员对检修工作全过程进行认真总结，此阶段工作的重点就是总结经验和教训，通过总结提高检修质量和管理水平，具体工作的内容包括编写设备检修的技术总结、重大特殊项目的专题总结以及图纸资料整理；汇总整理设备检修验收卡，编写金属、热效率等试验报告；在检修工作总结的基础上组织有关人员讨论修订检修项目、质量标准、工艺规程；对检修后尚存在的问题定出切实措施，制订进一步的修理计划，组织力量消除。

检修过程的管理实际上就是P(计划)—D(实施)—C(检查)—A(处理)全面质量管理的循环，根据检修机组的特点，应用P—D—C—A管理，有利于提高检修质量和管理水平，是发电企业值得推广的现代化管理技术。

3.2.3.5　**技术监督**

技术监督是采用测试技术对设备的生产运行与检修实施监察、督促的工作。技术监督工作的主要内容包括：

(1)制定技术标准，规定统一检验方法，根据国家及主管部门的标准和规程制度制定实施细则。

(2)根据规定的分工和职权定期进行预防性试验，指导运行和检修，校验计量仪表，进行计量标准量值传递工作。

(3)建立报表制度，定期分析数据，掌握设备技术状况，提出改进措施，监督执行。

(4)定期对设备进行总结评价。

目前，发电企业的技术监督项目共有九项：

(1)化学监督。化学监督主要是对水(汽)、煤、油、气等对象进行分析和监督。化学监督的大部分工作与发电生产同步进行，是保证发电设备安全经济运行的重要环节之一，因此化学监督应以预防为主，加强技术管理，不断改进测试手段，提高监督水平。化学监督工作涉及机、炉、电、化、热工和燃料等各专业，加强对化学监督工作的领导，做好协调工作至关重要。随着火电机组容量和参数的提高,化学监督的要求也进一步提高,主要表现在汽水品质的要求提高、监督对象逐步增多、监督手段的自动化水平提高等几方面。

(2)绝缘监督。绝缘监督的对象主要是发电厂内各种6 kV及以上电气设备的绝缘状况,这些电气设备的绝缘状况直接影响到自身的正常投运,对全厂的安全运行构成威胁,是发电厂最重要的技术监督项目之一。由于绝缘监督对象的电压等级较高,一般绝缘监督的大部分项目都是在停电检修的状态下进行的(预防性检修),近年来,随着绝缘监督技术的发展,一部分在线监测装置已投入商业运行。

(3)金属监督。金属监督是一项传统的重要监督项目,它的监督对象是全厂的所有金属材料及设备,目的是防止金属材料在生产运行中发生不应有的损坏,重点是监督生产运行设备中承受高温高压及易磨损部件的金属材料、焊缝及有关薄弱环节。金属监督的测试手段目前仍以离线为主,一般在设备停运后进行测量、取样和分析。火电厂金属材料的故障既有材料本身的原因,也有不正确运行的原因,因此金属监督的任务就是结合各专业的特点,分析金属材料故障的真正原因,以便采取适当措施使机组长期安全经济运行。

(4)热控监督。传统热控监督工作的主要内容是热工仪表、热力设备的自动控制,以及保护装置。随着机组容量和参数的提高以及现代科学技术的发展,热控设备在火电厂更新换代速度较快,因此热控监督的内容、热控系统与生产运行的紧密程度已大大超出了原有范畴。现代化的热控监督对象是指适时的、全面的、智能型的、与整套机组运行共始终的监控系统。因而对火电厂来说,热控系统已是全厂最重要的系统之一。

(5)电测计量监督。电测计量监督工作是电力系统重要的技术基础工作之一。电测计量监督的范围包括:直流电工测量仪表、电测量指示仪表、工频数字式仪表、记录型仪表、变换式仪表、电能表、电测量用互感器、电测计量标准装置等。电测计量装置和仪表必须严格按量值传递要求定期送检。

(6)继电保护监督。继电保护监督工作是提高继电保护装置正确动作率，减少电网事故，保证电力系统安全、可靠、稳定运行的重要措施之一。继电保护监督工作贯彻“安全第一、预防为主”的工作方针，其主要工作内容为：认真贯彻执行继电保护专业的各项规程、标准、条例及反事故措施；做好继电保护装置的选型和新型装置运行的技术准备工作；根据继电保护的试验、检验和运行情况，及时查出和消除缺陷，不断改进和完善继电保护装置的运行状况，提高继电保护装置的运行水平，保证其投入率、正确动作率。

(7)电能质量监督。电能质量不仅是电力作为商品的一项重要指标，而且是电力系统运行状况的综合反映，电能质量的下降反映出电力系统存在不安全或不经济的因素，因此电能质量技术监督是保证电力系统安全经济运行和保证电力用户用电质量的一项重要措施。电能质量监督的内容包括频率偏差、电压偏差、电压允许波动与闪变、三相电压允许不平衡度和正弦波形畸变率等五项指标。

(8)节能技术监督。节能技术监督是电力工业节能工作的组成部分，应贯穿于电力基建和生产全过程，按分阶段、分级管理原则，实行节能监督责任制。节能技术监督工作的主要内容为：对影响发电、输变电设备的经济运行的重要参数、性能和指标进行监督、检查、调整和评价。

(9)环保监督。环境保护是我国的基本国策，为了实现可持续发展的目标，国家对环境保护的要求越来越高，火电厂的环保水平决定了其自身的生存和发展。因此，环保监督在电力生产中具有非常重要的地位。环保监督工作的重要内容有电力企业污染物排放监测和超标治理、环保设施效率测定、电厂的环境影响评价等。

3.3 技术组织

科学技术是第一生产力。检修方式从事后维修到预防检修再到状态检修的变迁，也是一个科学不断发展、技术不断进步，从而推动检修方式不断现代化的过程。可以说，状态检修来源于技术进步，其生命力也在于它的科学性。

状态检修体制在设备检修中的全面实施要依赖于多种先进技术的

应用和完善。与此同时,推行状态检修体制的巨大市场需求也将推动相关技术的迅猛发展与实用化。状态检修的实施与技术进步是一个互为需求、互相促进的关系。概括而言,与状态检修密切相关、能直接提高检修工作质量的科学技术有:

(1)设备可靠性技术;

(2)设备寿命管理与预测技术;

(3)设备状态监测与故障诊断技术;

(4)信息管理与决策技术。

前三个方面是开展状态检修必须解决的技术问题,或者说是专业技术问题。第四个方面则是与管理和专业技术都紧密关联的综合技术问题。

显然,状态检修涉及了科学技术的综合性,需要应用许多交叉科技成果,它的应用实施过程将成为电力工业技术进步的一个强大驱动力,状态检修工作开展得越深入、越普遍,电力企业的技术水平和人员的技术素质越会得到提高。

3.3.1 设备可靠性技术

可靠性技术起源于20世纪40年代初为战争设计的电子设备的可靠性研究,在50、60年代随先进武器的制造得到发展。可靠性技术与风险评价技术在70、80年代开始应用于核电站等民用领域,到了80年代中后期,这一技术在电力行业中首先应用于电力系统规划、大电力系统可靠性分析、电力设备及部件可靠性评价等领域。

设备的可靠性与设备的维修密切相关,可靠性低的设备必然导致可用性降低和维修频繁发生。事实上,维修工作也只能使设备维持或接近由设计和制造所决定的固有可靠性,而状态检修就是要在了解设备健康状态的前提下通过检查、维护、修理乃至更新,以最小的代价保持或恢复系统及设备的固有可靠性水平。

可靠性分析是状态检修的一个重要内容。通过可靠性分析,可确定设备或系统的薄弱环节、关键部位、各种可能的潜在性故障以及应采取的对策,揭示各种故障模式及其内部的联系,指导故障诊断和维修方案的制订,确定系统检测装置的最佳配置等,还可为后勤保障和管理人员的工作提供指导。

电站的生产系统包括许多各种各样的设备,其重要度各不相同,应根据可靠性分析的结果采取不同的维修策略。可靠性要求高的设备,所需要的检测项目、检测精度、维修频率必然较高,适宜实行以可靠性为中心的维修(RCM);对可靠性要求低的设备,采用故障后维修有可能比状态检修更为经济;而对于固有可靠性低的设备,或对系统功能影响甚微的设备或部件,采取损坏后更换的办法也许比任何形式的维修都要合理、经济。

3.3.2 设备寿命技术

在复杂载荷和环境条件下工作的设备及其零部件,如水轮机、发电机转子等,由于磨损、腐蚀、蠕变和疲劳破坏等原因,其使用寿命是有限的。如何控制设备寿命损耗、合理分配和利用设备寿命、延长设备实际使用期限,以及参照寿命监测结果来指导启停、运行和状态检修,都涉及对设备寿命的评价。

对寿命问题的研究可以从以下三个方面协助发电厂开展状态检修工作:

(1)从提高可用率与延长寿命出发,确定关键设备与系统的改进、维修工作方向。

(2)确定关键设备与部件的检验项目、检验时间间隔与维修准则。

(3)解决设备部件更换周期方面的问题。

3.3.3 设备监测与诊断技术

设备监测与诊断是状态检修的核心问题。可以说,没有成熟的状态监测与故障诊断就没有真正的状态检修。

监测与诊断的理论基础非常宽阔,可以分为两个大的方面:一个是领域理论基础,另一个是系统理论基础。领域理论基础包括被监测诊断对象的专业理论,如对水电厂而言,包括水轮机、发电机、技术供水系统、电气系统、气系统等理论基础。而系统理论基础则包括传感和检测技术、信号处理技术、计算机和网络技术、可靠性理论、信息论、系统论、仿真技术、人工智能等理论基础。

监测与诊断的技术手段是现代化的测试仪器、计算机系统和软件，具体内容是监测设备状态、检测异常情况、分析和预测状态变化趋势、诊断和识别故障及其原因。监测与诊断技术的发展有三个阶段：状态监测技术阶段，这个阶段以设备状态监测为技术目标；故障诊断技术阶段，这个阶段以设备故障诊断为技术目标；现代化设备管理技术阶段，这个阶段是以设备全过程经济技术管理为核心的阶段，设备状态检修就是这个阶段的一个主要技术目标。

目前，用于状态检修的监测与诊断技术有：

(1)振动监测与诊断(轴系振动、扭振、管道振动监测与诊断等)；

(2)声波监测与诊断(声发射和超声发射诊断等)；

(3)油液分析、监测与诊断(铁谱、光谱、色谱诊断等)；

(4)应力/应变监测与诊断(热应力、动应力监测与诊断)；

(5)位移和位置监测与诊断(膨胀监测、阀位监测等)；

(6)温度监测与诊断(红外线热成像诊断等)；

(7)核射线监测与诊断(CT、成分分析等)；

(8)电气参数监测与诊断(局部放电监测、铁芯电流监测、绝缘监测等)；

(9)化学分析、监测与诊断(氢纯度、氧量监测等)；

(10)性能监测与诊断(效率、单耗等监测诊断)。

状态监测与故障诊断技术对设备维修的意义是：在故障未发生之时，充分掌握设备工作状况和运行趋势，指导操作人员进行调控，确保设备效能的有效发挥，尽可能减少故障发生的概率。而在故障将要发生或已经发生时，给出相关指导信息，指导运行操作，以使故障不发生或使其影响最小，并为维修决策提供依据，使维修工作目的明确、方法科学、经济合理。

3.3.4 仿真技术

仿真作为一种先进的技术手段在科学研究和生产实践中得到了广

泛的应用,成为继理论、实验之后的第三种科学研究方法。目前,国内电力行业用于培训或研究的仿真装置已有不少,将仿真技术与设备状态检修技术进行结合,有望取得更大的经济效益和技术突破。在设备状态检修中应用仿真技术有可能做到:

(1)通过对系统或设备的性能与状况进行仿真,更充分地了解设备,研究各种运行条件下设备所处的不同状态,找出相应的关键部位和薄弱环节,以便采取预防措施。

(2)对各种故障的影响、趋势及事故后果进行仿真。

(3)对各种检修方式的实施效果进行仿真,尽可能减少盲目维修。

(4)对检修后的设备可靠性和性能状况进行仿真。

(5)替代部件破坏性试验,积累设备故障数据。

3.3.5 智能决策技术

应用计算机辅助决策技术和数据库技术,可把电厂的所有操作运行和维修信息综合在一起,针对一个决策目标体系,形成以单个设备或整个系统为单元的决策工具,在状态检修应用过程中,供系统工程师、检修工程师和电厂管理人员使用。

这一工具可以将检修计划安排、历史数据、操作参数、诊断分析数据综合到数据库中,设定基本的警戒线,及时提示检修管理人员按设备状态执行全面的检查和维修。

数据管理和智能决策可以通过运行维修工作站实现,它对收集到的各种数据进行管理,分析设备潜在故障及其根本原因,分析设备的运行趋势并提交诊断结果,同时对操作过程、检修历史、警报信息、投资收益进行分析,做出正确的维修决定。使用人员可以在检修工作站的计算机上看到决策模块所提供的趋势、警告、诊断和分析结论,并对某一特定设备的维修判断阈值进行修正。这一技术的运用可以杜绝检修决策的主观性和随意性,减少决策失误,规范状态检修工作程序,使决策过程更快、重复劳动减少。

3.4 发电设备状态检修管理

3.4.1 数据综合管理

要实行状态检修,必须要有能描述设备状态的准确数据。也就是说,要有大量的有效信息用于分析与决策,这就涉及状态数据的综合管理。现代数据综合管理的概念就是数据库和分析系统的有机结合。状态检修数据管理的基础是数据库,包括运行记录、设计数据、检修历史记录、设备状态监测与诊断数据、机组性能分析数据等。因此,结合全厂管理信息化的建设,建立状态检修计算机管理信息系统是推行这一体制的基础性工程。

图 3-2 表明了数据对维修与生产的作用,可见数据管理的基础地位。

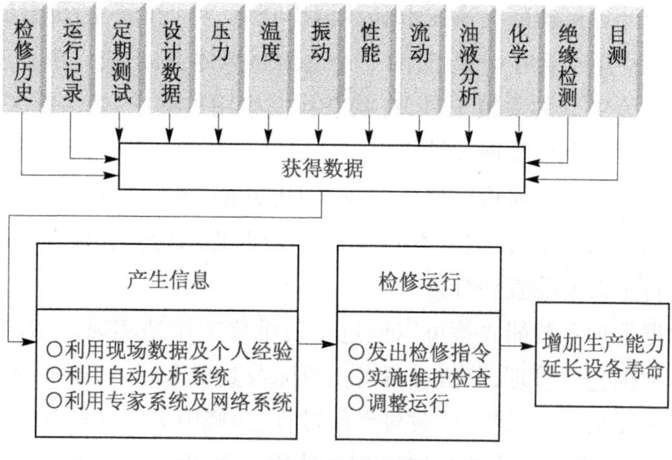

图 3-2　基于数据的维修流程图

以美国 EPRI 的电机预知维修(Electric Motor Predictive Maintenance, EMPM)技术数据库管理软件为例,EMPM 数据库软件是 MS - Windows 应用软件,依据 EPRI 的数据库访问集成服务标准设计,从而使用户能通过一个公共界面访问不同数据源,以及不同结构的数据。

可访问的数据有：

(1)电机鉴别标志；

(2)性能数据；

(3)安装和拆卸历史；

(4)运行历史；

(5)维修历史和费用；

(6)测试数据；

(7)热像和摄像图(多媒体数据)；

(8)规格参数。

此数据库可在计算机网络上应用或单独应用。通过电机鉴别项可以关联到电机安装、拆卸历史数据等，使用户能够跟踪电机状态。为管理维修过程，在数据库中建立了电机状态跟踪卡，在电机维修时由修理部门填写，返回后输入数据库。

用户可以通过数据库分析整理数据，进行趋势分析，并按特定要求进行归纳，得出报告。例如，用户可以方便地列出最近测得的所有不同厂商生产的、某个功率级别的有轴承故障或异常振动情况的电机清单等。使用这一软件，能够得出各种趋势曲线，再结合其他数据，可进行故障查询、诊断、状态分析。

该数据库还可以存储维修、采购、测试等方面的数据，并可以与诊断中心的专家系统软件相连接，用于分析电机故障。诊断中心的专家系统利用所得数据对电机状态进行分析，对维护检修提出建议。因此，数据库通过网络就可以使用专家系统，如同使用本地系统一样。这一软件系统还可以分析转子、定子状态，将用户输入信息与电机状态信息结合，计算转子、定子老化过程，建议诊断测试与检查修理的项目，解释诊断和检查结果。系统还可进行成本利润分析，计算可能的维修工作成本，通过推迟维修，避免意外故障，节省资金。系统可以存储成本利润分析结果，以便将来对比分析使用。同时，用户还可以对该模块进行修改或引入自己的成本利润分析模块。

一般而言，实用维修数据库管理系统的功能与内容至少应包括：工作单签发、预防/状态检修进度跟踪与测算、事故维修的申请与记录、状态监测与故障诊断分析记录、状态检修所用准则和报警值、设备检修历史数据、同行业的经验、备品库存记录、技术工人的技术档案以及预防/状态检修与事故维修的成本资料、与各种在线或离线状态监测诊断系统的接口、与维修决策专家系统或与网络中类似系统的接口,等等。

3.4.2 检修风险分析与决策管理

状态检修的决策是建立在各种科学分析之上的,其重要根据是检修风险分析结果。发电厂检修风险分析包括:推迟检修或不检修以致设备发生故障的风险分析、故障或事故带来的人身安全风险分析和资本资金风险分析、立即检修对电力生产的影响以及企业经营风险的分析、检修中人员安全及费用风险分析等。表 3-1 列出了火电厂设备检修过程中主要风险来源。

表 3-1 火电厂设备检修过程中主要风险来源

风险的来源	危险后果	风险的来源	危险后果
燃料	腐蚀	气体发生器	高低压损害
充电电容	电击	发电机	热辐射
蓄电池	爆炸	落体	化学污染
静电电荷	着火	加热装置、泵、风机、风扇	机械振动
压力容器	高低温损害	旋转机械与执行机构	高空坠落
悬挂系统	泄漏	电气误操作	放射污染

在进行风险分析时,会碰到许多不确定性因素,因此如何合理地分析检修风险、进行检修决策是摆在管理者面前的重要课题。

风险分析源于可靠性理论,是一种基于概率的分析方法。利用故障树分析、事件树分析或逻辑树分析等手段,可以了解火电厂设备及其装置的故障模式、故障影响因素、影响重要度和敏感度、故障传递关系、风险扩散途径等,进而开展风险损失评估,得到决策的依据。风险分析决不仅仅意味着给出一个或几个数值,同时要考虑的重要因素还有人们对风险的承受意识。比如,在同样事故概率甚至后者更低的情况下,人们普遍认为火车比登山的高空缆车安全,汽车比飞机安全,火电厂比核电站安全,等等。因此,风险分析要考虑社会影响和公众的接受程度。

检修风险的分析方法很多,归纳起来,主要有初步危险分析、失效模式与影响分析、致命度分析、故障树分析、事件树分析等。这几种主要风险分析方法的特点对比见表 3-2。要深入了解这些分析方法的具体过程,可以参考有关文献。

表 3-2　几种风险评价方法总结与对比

方法	特点	优点	缺点
初步危险分析(PHA)	确定系统的危险性,找出 FMEA 及故障树分析内的重叠因素	简单,易于判断	只能分析基本面,不全面,不深入
失效模式与影响分析(FMEA)	考虑每一部件的所有失效模式	易于理解,是广泛采用的标准化方法,无争议,无需复杂的数学基础	只能用于考虑非危险性失效,费时间,不能考虑各种失效的综合效应及人为因素
故障树分析(FTA)	由顶事件开始,找出引起此事件的各种失效的组合	是被广泛应用的方法,最适用于找出各种失效事件间的关系,以故障为分析对象,便于找出系统失效的可能方式	大型故障树不易建立,在数学上可能有非单一解,包含复杂的逻辑关系
致命度分析(CA)	确定部件的相对重要性,以便改进系统性能	是已臻完善的标准化方法,易于应用与理解,无需复杂的数学基础	需在 FMEA 之后进行,往往不能分析人为因素、共同原因失效及系统的相互作用

续表 3-2

方法	特点	优点	缺点
事件树分析(ETA)	由初因事件出发,考察由此引起的不同事件链	用于找出由一种失效所引起的(总)后果或不同的各种后果	不能分析平行产生的后果,不适用于详细分析

风险分析是决策的基础,检修决策是目前管理层实施状态检修最为关心的问题。检修决策的内容实际上也是维修工作的基本问题,即在本书前面章节已经提到的内容:

(1)修不修?

(2)何时维修?

(3)维修什么?

(4)如何维修?

(5)如何进行维修保障?

(6)如何评估维修效果?

决策首先面临的问题是,根据设备目前状态决定是否检修,这主要以设备故障可能带来的风险、设备继续运行或检修二者效益的比较为依据。决定要检修后,确定检修时间则主要以设备状况、电网的可靠性要求以及电厂人力、物力、财力、生产调度为依据。与此同时,要根据状态监测和故障诊断提供的数据确定检修项目及检修目标,根据所拥有的技术手段和生产计划要求选择最佳检修方案。为了达到检修的目标,应有可靠的检修保障,必须周到地考虑检修人员的组织、检修设备和工具的调配、检修资金的渠道、备品备件、相应后勤保障等问题。状态检修的成败应通过检修效果来评价,因此应制定科学实用的评价体系,如必要的试验、检测、费用核算等,这也是为将来的检修积累经验。

3.4.3 备品备件管理

检修中的设备部件更新、更换工作需要备用品的及时供应,此外,检修中所必须用到的特殊或专用设备以及工具也应该随时满足需要。

解决这一问题的传统方法是在火电厂储存大量备品备件，造成许多不必要的资金占用和管理维护方面的人力、物力浪费。状态检修则可以通过以下途径有效地减少这类损失：

（1）科学减少备品数量；

（2）优化备品获取方式；

（3）降低备品消耗。

按状态检修的要求推行备品备件管理的内容如下。

3.4.3.1 备品分类管理

备品一般可以分为两类：

（1）常备品：故障较多的部件或使用量较大的更换品。

（2）非常备品：主要是指那些几乎不突然发生故障的定期更换品。

从经济的角度来看，最好是不储备常用品。但为了缩短处理突发故障造成的停机时间，有必要储备一些常备品。非常备品则应减少。当然，如果有集中检修公司进行服务，火电厂备品备件的储备压力可以大大减少。

3.4.3.2 选择备品储存模式

（1）行业共享储存：如一些昂贵的、较少用到的或专用的设备、器械、备品备件等。

（2）制造厂供货：如大型成套设备等。

（3）企业自己储存：常用的标准件、小型设备或部件。

3.4.3.3 按备品类型决定最佳订货方式

（1）订货点方式（定量定货方式）：当库存量下降到一定数量（即订货点）时，即补充订购减少的备品。

（2）定期订货方式：按一定订货周期订货，但每次订货都要通过现有的库存量、已经订货尚未到货的数量以及预计的消耗量来计算订货数量。

（3）使用量订货方式：确定一定数量的最高库存量，只补充每次用掉的数量。考虑备品最佳订货方式时，应该了解以下两个重要概念。

①备品无货率。

假设在备件库存量为零时发生设备故障且需要使用备件，就会出现不能及时维修的情况，此时用“无货率”表示这种状况的可能性。无货率有如下两种：

a. 订货无货率：订货到进货间隔期间内的无货概率。

b. 无货时间率：统计时间内库存量是零的概率，或者用平均无货时间与订货周期平均值之比表示。

②备品保证数量。

在确保一定的备品供应可靠性水平（某一可靠度）下，所需的最少备品数量称备品保证数量。通常需要通过计算和模拟来确定。例如，某厂有100台相同型号的阀门，所采取的维修策略是用备件换下损坏件，而换下阀门的修复周期是2周。如果这种阀门的失效率是0.5次/年，同时要求在需要备件时有90%的把握能够提供备件。对这样的问题，经过计算和蒙特卡洛模拟，得出的结果是，仅需库存4件即可在100年内满足上述备品供应可靠性要求。4件备件即为可靠度为0.9的备品保证数量。

3.4.3.4 被替换备品的处理

对被替换备品的处理方法有修理和废弃。

决定部件是修理还是报废时，应先对该故障部件进行检查，估算修理费用，再与购买新件所需的费用进行对比，最后决定采取哪种方案。一定时间内报废零件数量与零件总数之比叫作报废率，这一系数可以作为考虑备件供应的重要参数。

3.4.4 优化检修计划管理

检修计划有两个层次：从整个电力系统出发制订的大型机组检修计划和从电厂出发制订的某台机组检修计划。前者是从整个电力系统的可靠性、经济性、可行性等要求出发，合理安排系统内机组的检修次序、检修机组总容量、检修开始时间、检修持续时间等，是一个宏观意义上的计划；后者则是从电厂内部设备的安全、经济与健康状况等要求出发，确定某机组检修的项目、时间和组织实施办法等，是微观意义上的计划，或者说是检修方案。在预防性计划检修体制下，电厂内部的机组检修计划一般是在电力系统的机组检修计划指导下编制的，二者没有冲突。但这样带来的后果是所编制的检修计划与火电厂设备状况的实际情况距离较大,因而所付出的检修代价也相应较大。在状态检修情况下,对电网来说,机组检修时间成了制订检修计划的不确定性因素,对电厂来说,具体的检修计划内容也是动态变化的。

从电网管理的角度来看,发电机组检修计划安排是电力生产运行计划中一项十分重要的内容,由于机组停机检修直接影响电网的发电出力和负荷储备,所以它对电网运行的可靠性和经济性都有很大的影响。此外,许多短期或长期的运行、调度问题,例如机组出力的调配与组合、抽水蓄能和常规水火电优化、燃料计划、可靠性计算,以及发电费用预算等都要以检修计划数据为基础,所以周密制订一个最优的检修计划有十分重要的意义。而且,随着电网装机容量和机组台数的增加以及社会对电力生产可靠性与经济性要求的提高,检修计划问题的重要性亦日益突出。

状态检修并不排斥检修计划的作用,恰恰相反,状态检修体制还要利用一些先进的技术手段来动态地制订和优化电厂设备检修计划,以充分发挥检修计划的指导作用。在状态检修体制下,检修计划的编制应该以发电厂设备的实际情况为基本依据,通过负荷预测、趋势分析、动态规划等手段考虑所属系统的发电容量、可靠性、经济性等要求,使检修计划既具有可行性,又具有科学性和经济性。此外,机组状态以及故障发生所带来的随机性检修需求在时间上的不确定性,将给检修计划的编制方式带来变化,即由一次性的、静态的、应用于较长期间(通常为一年)的计划编制方式,向以不断变化的机组状态为参考的、动态的、短期和长期相结合的计划编制方式转变。在这一转变下,传统的手工编制计划方式已经不能适应工作要求,而需要用计算机优化编制系统的帮助来完成电力系统机组检修计划的编制工作。

从微观的角度,在状态检修体制下,火电厂内部机组检修计划的拟订过程示意图如图 3-3 所示。

按状态检修的要求来编制电厂内部的检修计划,有可能做到:

(1)取消不可行的检修计划项目;

(2)取消或改善效果差的项目;

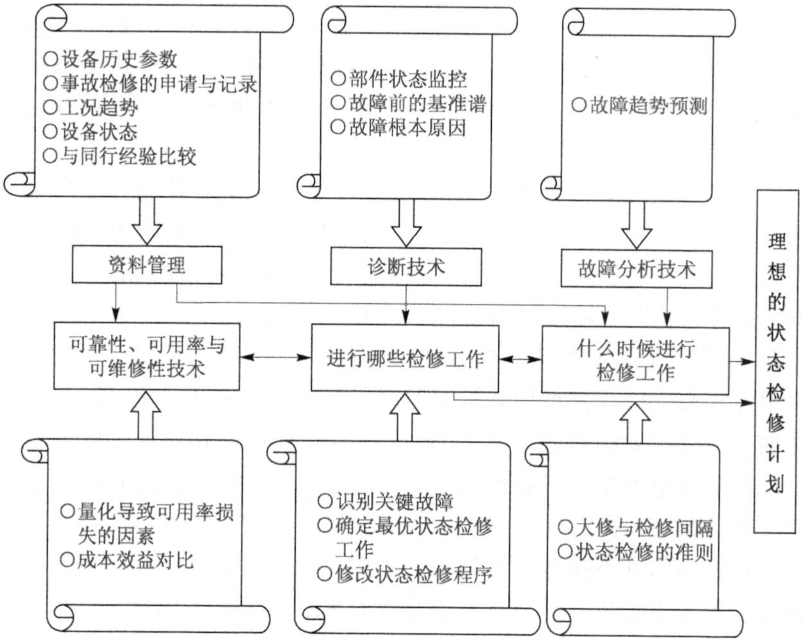

图 3-3 状态检修计划拟订

(3)增加检修项目以处理被忽略但是重要的故障模式;

(4)修改检修的频度;

(5)用效益好的、耗费少的状态检修代替昂贵的不可取的大修工作;

(6)更好地实现可靠性、费用等最优要求。

3.4.5 检修人员管理

高素质检修人员(包括检修管理人员、技术人员和检修工人)是状态检修能取得成功的关键。因此,应做好人员的定期培训工作,使他们对状态检修有深刻的认识,并充分了解状态检修的基本知识、掌握实施过程的各个环节。状态检修对检修人员技术素质的要求主要体现在以下三个方面:

(1)掌握状态监测和故障分析的手段,能综合评价设备的健康状态;

(2)参与检修决策,能制订优化检修计划和检修工艺;

(3)有丰富的检修经验和高超的检修技术,做到修能修好。

培养具有这样素质的检修人员需要花很大的力气,而且已不能靠师傅带徒弟的培养方式实现,检修人员必须接受正规的基础和专业教育。

目前电厂实施计划检修采用的是以管理人员、检修技术人员和专门检修员工为主的人员组织形式。从人员配备来看,检修人员在电厂是必不可少的,特别是在处理紧急事故和大、小修时更是如此。但是,这样的人员组织方式对推行状态检修或优化检修并不是最佳的,往往暴露出人力资源浪费、组织机构臃肿、工作效率不高等问题,不能适应市场的激烈竞争。因此,一些新的、有活力的管理形式应运而生,如行业性的集中检修公司等。除此之外,一些发达国家采用的瘦型检修管理方式也是值得借鉴的。

所谓瘦型检修管理,实际上是建立在高素质人才和信息管理基础上的一种机构精简的检修管理形式。其基本原理是将检修人员、备品管理、检修管理等融为一体,以减少中间环节的影响,使检修部门的快速反应能力加强,提高质量和生产率,降低生产成本。

对德国 Weisweiller 电厂的统计表明,在全年 16 712 项检修维护工作中,有 45% 的工作是小于 16 工时的工作任务和标准维护工作,3% 的是大于 16 工时的标准重复性工作,27% 的是紧急工作任务,25% 的是其他工作任务。在对小于 16 工时的工作任务进行瘦型优化管理后,大大节约了维修时间,提高了检修人员勇于负责的精神,取得了预期的效果。Weisweiller 电厂的检修人员有较高素质,其中 70% 的有编制计划以达到节约工时的能力。他们有较好的专业和设备方面的知识,在检修工作中作出的分析与判断是比较可靠的,因此检修领班可以在有关的计划工作中承担责任。在优化的工作流程中,检修人员接到通知,可从 MIS 系统的数据处理终端获得有关任务的内容,由领班组织制订工作计划并在完成任务后向数据处理中心报告。当然,仍有一部分检修任务需要管理部门的参与和控制,但该电厂约 48% 的检修工作任务是通过优化的工作流程完成的。通过取消一些管理环节,提高了企业的活力和竞争力。

在现代电厂传统的检修模式中，运行人员是不参与检修工作的，但从状态检修及其发展来看，目前运行与检修严格分工的做法将发生变化。状态检修要求运行人员与检修有更多联系，因为运行人员对设备的状态变化非常了解，他们直接参与检修决策和检修工作对提高检修效率和质量有积极意义。Weisweiller 电厂就要求运行人员完成那些比较简单，且需要较少工具的检修工作。而在德国的一些小容量调峰电厂，已做到由运行人员承担部分检修任务，这样做的优点是：加强运行部门的责任感；取消不必要的环节，精简机构，节约管理费用；迅速采取检修措施，消除设备缺陷。Weisweiller 电厂预计安排5% 的检修工作给运行部门承担，并准备逐渐增加至 15% 。当然，要进一步扩大运行人员参与检修的范围，需要对运行人员进行专门的训练。

3.4.6 技术经济分析与管理

状态检修的重要特点就是依靠技术经济信息进行决策，而非传统的经验性规定。在状态检修体制下，针对性更强的按项目和诊断意见进行检修取代了以前的盲目无依据的强制检修，其结果是减少了过剩维修，提高了维修工作的针对性，节约了大量检修费用。

不同检修策略下的费用与时间关系如图 3-4 所示。实施状态检修初期的工作量非常大，比如设备评估、调查分析、人员培训等，对于没有很好基础的发电厂尤其如此。同时，在工作初期，其投入也是较大的，要超过故障检修和定期检修方式。随着时间的推移，状态检修的收益逐渐显现，反过来超过另外两种检修方式。在相同的设备使用时间下，状态检修的费用将是最小的，而且从达到相同的设备更新水平情况看，采用状态检修方式的时间周期最长，即设备利用周期更长。

状态检修技术经济分析与管理的内容可以用模型化的语言描述如下：

(1)有限时间范围内，设备的运行费用随使用时间而增长时的最优更换时间的确定。

(2)使总费用最低的设备最优更新间隔期的确定。

(3)为了使停机时间最短，对会发生故障的设备的最优预防性更换间隔期的确定。

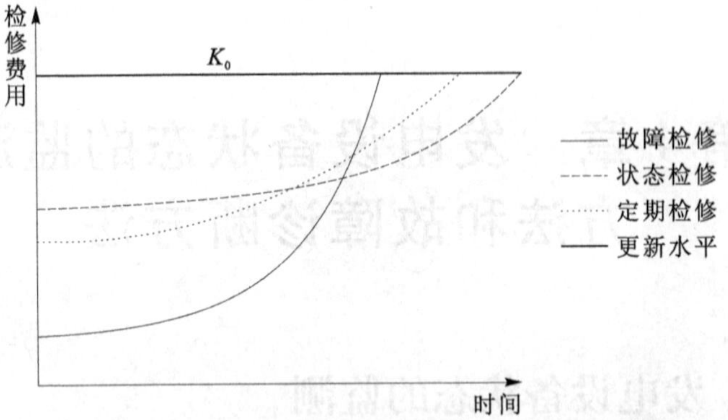

图 3-4　不同检修策略下的费用与时间关系简图

(4)使总费用最少,对一些只能通过检查才能确定其状态的设备的最优检查进度计划。

(5)设备的最优检修费用限额的确定。

(6)修理工作组与修理机械的最优配置的确定。

由于电力生产的特殊性,从状态检修对整个电力系统影响的角度考虑,其技术经济性的方法在国外已经开始应用于研究和检修实践之中。目前在国内这方面的研究还处于起步阶段。

采用状态检修后,产生的效益来自于这样几个方面:

(1)节约检修费用。体现在延长检修间隔和减少不必要的日常检修工作上。

(2)增加生产能力。由于状态检修的实施降低了强迫停运率,提高了设备可用率。

(3)延长设备使用寿命。降低了设备寿命周期费用和生产成本。

状态检修的推行需要较大的初期资金投入,投入量取决于电厂的实际情况和实施状态检修的方式。值得说明的是:这种资金投入并不意味着增设大量昂贵进口设备,而是充分利用电厂原有仪器设备,加上一些核心新技术的应用而形成一套状态检修方法。正如 EPRI - M&D 中心经验总结所指出的:实施状态检修,采取正确的工作方法比收集更多的数据更重要,对设备的某一部分进行彻底的状态分析比对所有设备进行简单监测更重要。

第 4 章　发电设备状态的监测方法和故障诊断方法

4.1　发电设备状态的监测

机器设备的“健康”从仿生学概念来理解与人体的健康是相同的。把医学诊断的基本思想推广到工程中去从而形成了设备故障诊断技术。广义而言,设备的故障诊断由状态监测、故障诊断、状态预测、安全保障和维修决策等主要环节组成,如图 4-1 所示。状态监测与故障诊断是一个有机的整体。状态监测是故障诊断的基础、先决条件及必要手段,而故障诊断则是综合利用监测数据和信息进行决策的部分。

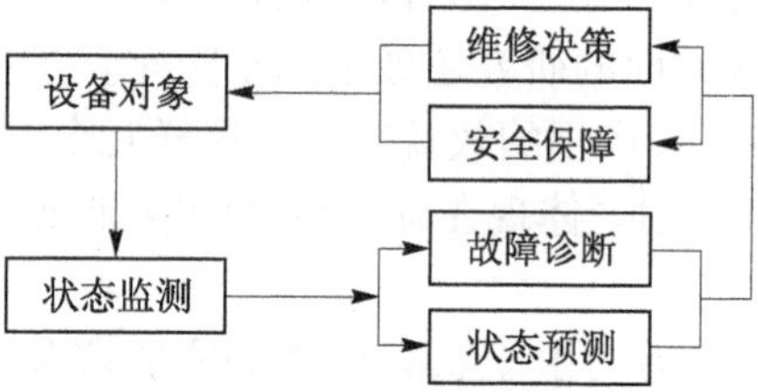

图 4-1　设备故障诊断的主要环节

4.1.1　发电设备离线状态监测

对发电设备进行离线状态监测一直是传统的设备管理方法之一。离线状态监测就是通过定期对运行中或停运的设备进行规定项目的检查,发现设备的问题和隐患。在我国的许多火电厂和核电厂中推行的状态检修方式,就大量采用了离线监测方式。因为离线监测具有以下一些比较明显的优点:

(1)投资较小。主要因为离线监测系统通常比在线监测系统的价格要低，其次，离线监测系统往往是移动式或便携式的，一套系统可以用在多种设备上，可以节省总投资。

(2)监测面宽。离线监测系统的移动性体现在一套系统可以用来监测多种不同设备以及在不同的时间监测设备的状态，包括在设备停止运行的时候。还有一些目前不容易安装在线监测系统的监测对象仍需要使用离线监测系统来监测。

(3)监测设备比较简单，使用方便。离线监测设备能够灵活地监测设备的状态，因此离线监测设备多半只保留了最简单、最可靠、最实用的功能，因此设备比较简单，操作简便。

(4)对设备的影响小。大多数离线监测系统无需在设备上特别安装监测装置，因此使用离线监测系统对监测对象不需要做改造或更换，对设备性能和安全性影响小。

但是离线监测也具有以下明显的缺点：

(1)反应相对迟钝。离线监测是有间断的。显然设备在两次监测之间的变化，甚至威胁到设备的安全或有维修要求时，离线监测是无法办到的。

(2)数据整理复杂。离线监测设备可以测量到许多设备的许多监测点，为了得到完整的设备状态趋势数据，必须专门对离线监测到的数据进行处理。如果监测的设备较多，数据类型复杂，则数据整理和处理的过程将会相当复杂。

(3)数据不全。离线监测的直接问题就是数据不全，有时候数据不全对分析设备的状态和维修的决策带来的问题是致命的。

(4)必须配备另外的分析系统。由于比较多地考虑了使用方便的要求，所以离线监测系统并不具备全面的分析功能，在很多情况下离线监测系统只能作为数据采集器使用，因此要了解设备的状态，还必须另外配备数据处理和分析系统。尽管如此，离线状态监测的优点还是决定了它目前的不可替代性，特别是在设备维修过程中进行的静态探查，仍是状态检修的一个重要的数据依据。

4.1.2 发电设备在线状态监测

随着发电机组容量的增大和复杂程度的不断提高,需要处理和判断的运行信息越来越多,因此需要一个系统对发电机组的运行状态进行在线监测,并实时对设备的状态进行分析做出诊断。在线状态监测及故障诊断系统是指利用先进传感技术、信息技术、计算机技术以及其他相关领域的技术综合构成的辅助运行系统。从设计的角度出发,在线状态监测及故障诊断系统可以从两个方面进行分类。从功能上考察,可分为状态监测系统、监测与分析系统以及监测与诊断系统。从系统集成的角度考虑,可以分为小型机系统、基于现场总线的系统、基于网络的分布式系统、单机系统等。

4.1.2.1 状态监测系统

状态监测系统是电子仪表的替代系统。状态监测系统的基本功能包括:数据采集、补偿、归一化,参数报警,数据库管理,数据图表显示,数据打印输出,系统管理等(见图4-2)。

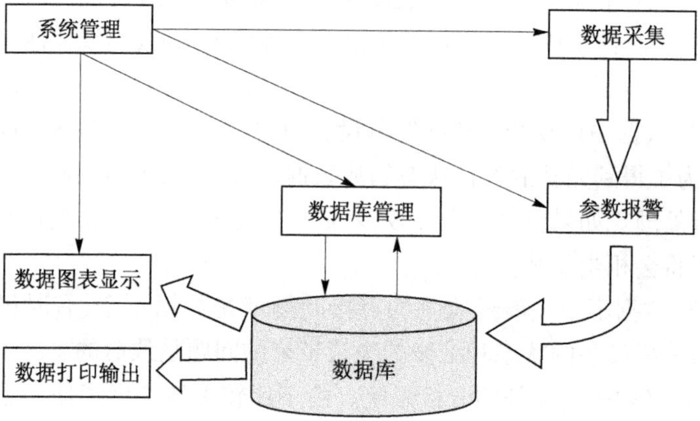

图4-2 状态监测系统

状态监测系统的关键是数据采集和数据库。而数据采集的关键是传感器。对于大型的现代化大容量机组而言,传感器的布局是比较完善的,能够准确、连续地采集模拟量和开关量,将这些数据存入数据库,较全面地描述机组的状态。正是因为有了数据库,系统记录的历史数据对运行和维修的指导作用是巨大的,由此产生的经济效益也是非常可观的。数据库能够记录一段时间内包括模拟量及其状态(包括参数的有效性、报警状态、时间标签等)、状态开关量、脉冲开关量、参数异常及恢复正常记录、事故追忆数据等在内的全部详细数据。

4.1.2.2 监测与分析系统

在状态监测系统的基础上加入分析功能后,系统的功能在一般意义上远远超过了普通仪表。系统的分析功能可以分为两个部分:一是对发电机组运行状态的分析,另一个是对发电机组设备状态的分析,如图 4-3 所示。

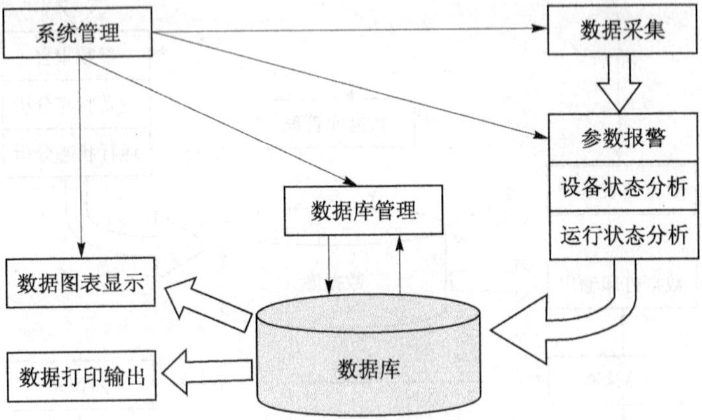

图 4-3　状态监测与分析系统

对发电机组运行状态的分析可以通过计算各类性能指标,显示出机组所处的运行状态。这类指标主要是指那些无法采集的参数,例如锅炉效率、换热器效率、汽轮机效率、系统效率、发电煤耗等。这类参数需要监测系统提供足够的原始数据。有时只分析运行状态参数是不够的,还需布置一些特殊的监测点,再通过计算完成对设备状态的监测和分析。

4.1.2.3 监测与诊断系统

机组状态监测、分析机组故障诊断系统是在监测和分析的基础上加入了故障诊断部分(如图 4-4 所示)。显然故障诊断系统是不可能单独存在的,必须在监测与分析系统的支持下工作。

从故障诊断系统实现的角度来说，可以将它分为自动诊断和人机交互诊断。自动诊断是从监测和分析的结果中自动获取故障征兆，诊断过程不需要人为的干预。人机交互诊断则在获取故障征兆时，通过人机的交互，补充自动获取征兆的不足，在诊断过程中进行监控和人为的干预。在诊断设备状态的过程中，诊断系统根据用户的要求从数据库中提取故障征兆，从知识库中提取故障征兆的定值和知识规则，利用相关的专家知识进行推理诊断，将诊断结果和反馈意见提供给用户。

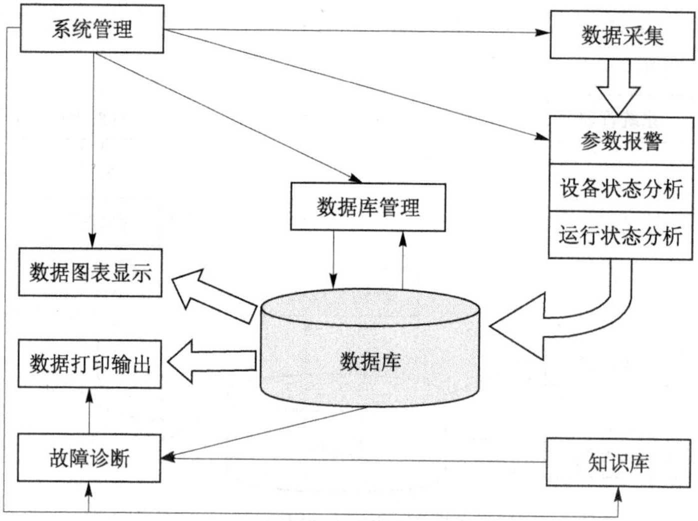

图 4-4　状态监测、分析及故障诊断系统

4.2　故障诊断方法

随着机组检修维护水平的不断提高和故障诊断等关键技术的发展，以及理论研究和生产实践的进一步深入，状态检修逐渐在生产运行中得到广泛应用。由于其良好的发展前景，状态检修越来越受到国内外电力行业的重视。

由状态检修理论可知，从各监测设备所获取到的运行参数，必须选择正确的故障诊断方法进行分析判断，以最终确定机组运行状态。目前，伴随着故障诊断技术的发展已提出了大量的故障诊断方法，总体来讲可以划分为基于知识的方法、基于解析模型的方法和基于信号处理的方法三种。具体来说包括以下几种。

4.2.1 因果分析法

因果分析法就是将被诊断系统的故障与故障征兆进行对比分析，利用因果知识进行判断的一种方法。该方法是一种离线的后发性诊断工作，无法实现在线诊断。同时，该方法也是最原始、最基本、最简单的方法之一，只要拥有大量的现场实践经验，并具有一定的分析鉴别能力，常常可以得到较好的效果。由于该方法是建立在实践经验和摸索基础之上的，人为因素影响很大，因此技术人员必须具备扎实的现场专业基础知识、系统知识和丰富的实践经验，必要的话还要辅之以试验进行验证。

4.2.2 模糊诊断法

1965 年，美国加州大学 L. A. Zadeh 教授首次提出了模糊集合理论(Fuzzy sets)。该理论的核心思想是模糊处理精确性和有效性无法兼顾的问题。该理论自提出后，除在模糊控制领域应用外，也在其他领域广泛应用，并逐步引入了故障诊断领域，可以较好地解决故障特征的不确定性问题。

在进行故障诊断时，模糊诊断法首先采用模糊空间的距离和利用模糊关系矩阵开展数值运算，据此通过模糊模式识别和模糊综合评判方法诊断。由于该方法是基于数值运算的诊断，具有较其他方法不可比拟的优点，不需要人为干预，可以自动进行，且处理速度快，适合于实时问题处理。但由于信息较为单一，如振动的频谱信息，无法做到诊断的全面性，因此模糊诊断还只能作为一种初步的、简单的诊断。

4.2.3 专家系统诊断法

专家系统是利用人类专家积累的大量知识和推理方法，模仿专家分析问题和解决问题的思路,从而解决复杂的实际问题的人工智能方法。它是一种基于“知识”的人工诊断系统,具有模拟人类专家解决复杂问题的能力。

从实践来看,许多人从不同角度采用不同方法对水电机组故障诊断专家系统及其应用进行了研究,有的已在水电站运行多年,效果较好。但是从运行的实际情况来看,现有用于水电机组故障诊断的专家系统,还存在不少亟待解决的问题,例如:水电机组的某些故障机制研究不深、系统性和综合性不强、故障模型不准确等问题。此外,故障的诊断率和诊断的准确率以及系统的稳定性等方面还需要进一步加强。

从发展的要求来看,实施水电机组运行设备状态检修的核心功能就必须建立适用可靠、准确可信的专家系统。为此,要重点把握好定位适应水电机组故障诊断的模式和确定好专家系统结构两个关键。作为连接工程专家和诊断专家系统的桥梁,机组运行设备诊断模式在很大程度上决定了专家系统的知识组织、知识表示、推理机制和控制策略等基本问题。目前,随着诊断技术的发展,研究者已提出了很多诊断模式和建立在其上的各种诊断专家系统,并在实际应用中取得了一定的效果。但是由于自身理论的缺陷,故障诊断的目的往往无法实现,机组运行特性和规律也不能如实地反映,难以准确辨识机组设备故障位置和严重程度,同时由于系统智能化程度不高,诊断结果是模糊的,必须依靠现场工程师的综合判断。因此,只有研制开发出反映我国水电机组运行的固有特性和故障特征的诊断模型,并组建一套设计合理、运转灵活的专家系统结构,才能建立一个真正适用可靠、准确可信的专家系统。

4.2.4 神经网络诊断法

较之传统的信息处理方法,人工神经网络具有自适应和可以被训练的特点,它有自修改能力,同时有对信息进行并行处理及并行推理的能力,因此理论上讲要比传统的方法快很多。鉴于人工神经网络的高度非线性、高度容错性、模拟并行性、鲁棒性,以及自我学习和自适应性等特点,其在水电机组故障诊断中日渐得到重视和应用。但是,神经网络的不足也很明显。由于它不能充分利用许多特定领域中专家的宝贵经验,只能根据一些比较明确的故障诊断实例进行判断,而且只有在拥有足够的学习样本的基础上,才能保证诊断的可靠性,限制了它在诊断领域的广泛应用。

4.2.5 支持向量机诊断法

支持向量机(SVM,Support Vector Machine)诊断法是 Vapnik 等在 20 世纪六七十年代提出的一套完整的理论体系。该理论的特点是具有在模型的复杂性和学习能力之间寻求最佳折中,利用有限的样本信息获得最好的推广能力,很好地解决了传统统计学中由于缺乏样本数据无法准确预测的难题。实践表明,故障样本的缺乏是导致故障诊断发展的瓶颈,而 SVM 在小样本情况下能很好地实现分类推广的目的,所以许多学者都将 SVM 引入该领域进行研究,并取得了许多研究成果。但是,由于故障的多样性和复杂性,还面临着许多需要解决的问题:如何选择合适的核函数来满足机械设备的非线性非平稳的条件;如何提高设备故障诊断的实时分类处理能力;如何降低错分样本以提高分类精度;如何解决假定惩罚系数固定与实际正负两种样本误判造成的损失偏差问题等。

4.2.6 谱分析对比诊断法

谱分析对比诊断法的基本原理是:将典型的振动频谱和故障频谱用数据库的形式存放在计算机中,在诊断过程中,通过谱峰的寻找和对比,研究其幅值变化和频率分布,参照频谱数据库得出诊断结论。该法尤其适用于转动机械的振动诊断。

4.2.7 状态模型辨识诊断法

应用于在线辨识技术来实时地为系统建立一个数学模型,当系统中存在故障时,系统的输入与输出关系就会发生改变,这些变化反映在系统的数学模型中,因此当系统的模型参数发生较大的变化时,系统就可能存在故障。实际运用时,参数变化的假设检验是通过求出参数变化的协方差矩阵来进行的。

4.2.8 随机模型参数估计诊断法

用这种方法,系统状态的合理表征只需要两种特征参数。一种是总体平均状态信息的参数,如信号的能量、信息距离、离散度、方差、相关矩阵等。另一种是当前时刻瞬时状态变化及信息变化率参数,这种参数实际上是用前一时刻的状态信息来检测后一时刻的状态变化情况。参数提取所用的数学工具是时序分析。这种方法对冲击、阶跃等信号变化反应敏捷,而信号缓变过程和一直存在的异常状态则不能很好地反应。

4.2.9 灰色模型关联分析诊断法

将灰色理论的要领和方法引入故障诊断领域,研究系统待检特征与对应故障特征之间的相关性,定量描述系统内部特征与故障特征的发生与发展之间的关系。利用已知的故障特征量去判别系统的状态并对未来发展趋势做出预报和决策。方法的实施过程是首先建立故障标准模式特征向量矩阵,然后获取实测信号的待检特征向量,求出待检特征向量与标准特征向量的关联度并进行由大到小排序。若待检模式序列与某一标准模式序列的关联度最大,则认为待检模式为该类故障模式。

4.2.10 统计诊断法

运用贝叶斯公式,算出某种征兆由特定故障引起的概率,进而判别故障类型。这一方法必须要考虑被诊断对象的运行历史状况,以获取各种故障发生的概率变化情况,为各种故障确定先验概率。这一方法容易发生错报和漏报。在观测样本较多的情况下,效果较好。

除上述方法外,故障诊断中还存在一些其他方法,如粗糙集诊断法、遗传算法诊断法、小波分析诊断法等。由于每个水电厂都不一样,应根据各自的特点,选择合适的故障诊断模式,以提高故障诊断效率和诊断精度,从而准确决策。

4.3 发电设备故障诊断

设备的故障诊断是指在不解体设备的情况下,根据积累的经验和数据,采用一定的技术手段对设备所处的状态进行判断、对设备的故障及其发展变化进行诊断和评估的技术。如果能够准确诊断和估计设备的故障及其发展变化,就可以制定最优的维修策略,这个过程就是状态检修。故障诊断流程图如图 4-5 所示。

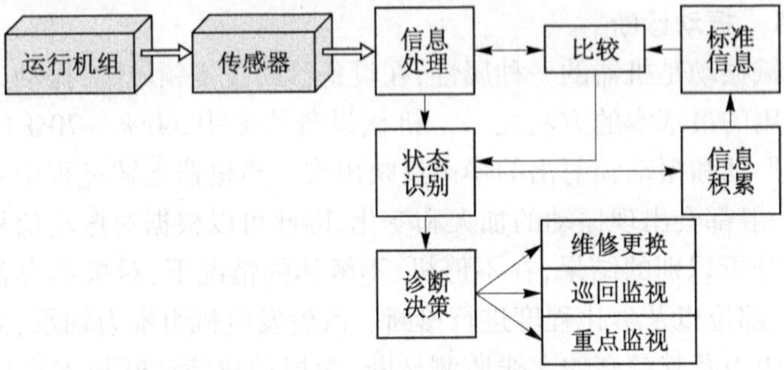

图 4-5　故障诊断流程图

4.3.1　故障诊断的任务

故障诊断的任务是要确定设备故障的性质、程度、类别和部位,明确故障、征兆、原因和系统之间的相互关系,并指明故障发展的趋势。故障诊断内容可以概括为诊断信息的获取和信息的处理两大部分。具体地说,包括以下四个方面:

(1)状态监测。特征信号提取,在设备的合适部位获取征兆,形成待检模式。

(2)状态识别,即诊断。将待检模式与样板模式进行对比,当主要性能指标高于或低于期望的目标范围时就认为发生故障。根据故障程度分别给予早期警报、紧急警报或强迫停机等处置。

(3)状态分析与预测。根据检测信息找出故障源,然后根据这些信息故障对设备和系统性能指标的影响程度做出估计,综合给定故障等级,并预测设备状态的发展趋势。

(4)决策处理。根据故障等级的评价对设备系统形成正确的干预决策,做出修改操作、控制及其临时性维护或停机维修的决定。

4.3.2 故障诊断技术革新

故障诊断技术按其所监测的物理参数可以分为:振动诊断、油液诊断、声发射诊断、温度诊断、电参数诊断、性能趋势分析和诊断、表面形貌诊断、无损检测等。其中,最主要的诊断技术革新有如下几项。

4.3.2.1 振动诊断

机械振动是机器的一种属性,在设备诊断技术领域中,振动诊断是普遍采用的最基本的方法之一。机械设备故障中,60% ~70%的故障可通过振动和振动辐射出的噪声反映出来。当机器运转过程中发生异常时,一般都会出现振动的加大和变化,因此可以根据对振动信号测量处理和分析识别的结果,在不停机、不解体的情况下,对机器设备的故障原因、部位以及劣化程度进行诊断。汽轮发电机组推力轴承、支持轴承油膜压力及其频谱的在线监测诊断,为振动故障诊断技术提供了新的发展方向。

对设备进行振动监测与诊断,必须进行振动波形的分析,包括时域波形与轨迹识别、频域分析、特征参量趋势分析、倒频谱分析等,并可以通过设置谱窗极限等阈值进行对比诊断。将汽轮发电机组轴系典型的三维瀑布图、波特图、奈魁斯特图、轴心轨迹图和轴心位置图与故障情况下的图谱进行对比诊断,可识别出有关故障,并分析其成因、发展趋势和故障部位,为设备的维修提供依据。利用振动检测和分析可对以下故障进行诊断:①转子不平衡;②转子弯曲;③轴系不对中;④动静部件碰磨;⑤零部件松动、脱落;⑥零部件裂纹;⑦轴承工况不正常、涡动和油膜振荡;⑧喘振、旋转失速等气流引起的振动;⑨齿轮啮合故障;⑩次谐波(分数谐波)共振等。

4.3.2.2 油液诊断

油液诊断包括:①物理分析:黏度、密度分析;②化学(污染)分析:油中含水量、闪点、污物、杂质等分析;③磨损微粒分析:铁谱、光谱、磁性分析等。油液诊断现在已经能够在线进行,一些先进的故障诊断系统已将油液在线监测诊断技术作为一个重要的组成部分。

4.3.2.3 声发射诊断

声发射诊断主要用于检测管道泄漏、动静碰磨等。在发电机组故障诊断中比较多地应用于锅炉四管(省煤器、水冷壁、过热器、再热器)爆漏、汽轮机动静碰磨诊断等。声发射检测分为常规声发射和超声发射检测,从检测方式看,又有声信号通过金属结构传递和通过环境介质传递两种。对于诊断锅炉四管爆漏问题,直接将传感器伸进炉膛检测通过气体介质传递声信号的方式更成熟一些。目前已实现通过监测诊断中心对多台锅炉四管爆漏进行遥测、遥诊。

4.3.2.4 温度诊断

设备中的机械和电气元件常常由于故障而引起温度变化,如各类轴承磨损或润滑不良、设备绝热层破坏等。对于电气系统,尤其是高低压线路和电机、电器的磁瓶、套管、线头、触头、线圈等,通过监视温度来查出早期的故障是十分有效的。常用的温度诊断仪器有接触式传感器,如热电偶传感器、热电阻传感器、非接触式传感器、光学高温计、辐射高温计、红外测量仪器、红外热成像等。

第 5 章　发电设备检修规划模型

一直以来,大量研究人员从电力系统规划设计或者运行调度的角度出发,致力于研究如何安排发电机组检修计划的问题,并在理论上和方式方法上都取得了进展。但研究和实践证明,制订机组检修计划从本质上来讲是一个带约束条件的多目标优化问题,它属于电力系统最优运行规划的范畴。

5.1　传统环境下机组检修规划模型

传统环境下,电网调度机构统一确定包括检修在内的机组运行规划,机组检修安排主要以系统的可靠性水平最高或机组的总运行成本最低为目标函数。

5.1.1　以可靠性水平最高为目标函数确定检修计划

以可靠性为目标函数的优化方法所涉及的可靠性是指表征系统正常发电的系统可靠性指标。这些指标包括缺电概率(LOLP,Loss of Load Probability)、电力不足期望值(LOLE,Loss of Load Exception)及电量不足期望值(EENS,Expected Energy Not Served)等。根据不同的优化目标可以分为以下几种方法。

5.1.1.1　等备用法

这是应用最为广泛的方法之一,该方法以计划时间段中每个时段(周、旬、月等)的发电备用容量均等为目标值,但是它无法准确地考虑发电机组负荷波动和非计划停运等随机因素,因此相对可靠性指标而言,该方法并不是最优的。

5.1.1.2 等风险度法

等风险度法以计划时间内的 LOLP 指标为不变的相同值进行规划。它从机组可靠性出发,规划在高峰负荷期间增大备用容量或减小检修容量,而在低谷负荷期间减小备用容量或增大检修容量。从理论上来讲,等风险度法具有先进的思想,但是等风险度法的原始数据存在较大的不确定性,特别是在水电比重较大的电网内,可靠性指标变化较大,且存在很大的随机性。在枯水年份或季节,因为水量少,火电机组长期运行,运行小时数处于极高的状态,将增大停机风险,而水电机组运行小时数较少,机组非计划停运率自然较低;在丰水年份或季节,则会出现相反的情况。在这种情况下,原始数据的偏差就必然导致结果不能很好地满足实际运行需要。因此,在水电比重较大的电网中采用等风险度法确定机组检修计划是不合适的,而且从全年统计数据来看,其 LOLP 并不是最优的,甚至不能保证全年 LOLP 比等备用法小。

5.1.1.3 最小风险度法

鉴于机组非计划停运造成的停电总损失与全年停电时间的累加成正比,最小风险度法以全年缺电概率最小为优化目标。显而易见,该系统的运行费用显著增大。而且,为搜寻最小风险度的区段需要大量计算,因此该方法无法广泛运用。与等风险度法相同的是,这种方法只能保证系统安全运行的合理性,而不能保证经济上的合理性。

5.1.2 以机组的总运行成本最低为目标函数

以经济性为优化目标的方法,即最小发电费用法。这种方法考虑了机组的发电成本,力图使机组因停机检修所带来的运行费用的增加最少,但是其全年的 LOLP 可能最高,因此用这种方法求解,应保证 LOLP 在有关工程所允许的期限范围之内。此外,用这种方法求得的备用容量也和其他方法相差较大。

除上述方法外,机组检修规划模型还有许多其他方法,例如等有效储备容量法、最小检修费用法和最小偏差法等。随着模拟退火算法和遗传算法等人工智能方法在检修领域的广泛应用,将不断涌现出既具有较好优化效果又能缩短计算时间的新算法。

5.2 市场环境下发电厂商的检修策略

电力市场环境下,厂网分开,各水电厂商成为独立经济实体,其包括检修在内的机组运行策略是以其效益最大化为目标制订的。各机组检修周期通常由设备提供商根据设计和制造工艺提供参考值。据此,各发电企业统一规划其机组检修计划,一般选择在电价最低时安排机组检修。但是考虑市场电价和机组实际状况后,该安排并非最佳。

表 5-1 给出了发电企业规划机组检修时考察的目标函数及考虑的主要约束条件。从表 5-1 可以看出,发电企业一般通过最大化在检修区间内的经济利益或者最小化运行成本来确定各机组的检修窗口,不同研究针对具体的系统模型提出了相应的目标函数。从本质上来说,这两种数学模型是一致的,当成本高时,在相同的市场环境下其单位容量获得的利润就低;反之,则高。

表 5-1 发电企业规划机组检修时考察的目标函数及考虑的主要约束条件

	目标函数	主要约束条件	备注
最小化成本	考虑燃料成本	检修区域约束 检修连续性约束 检修资源约束 燃料约束	机组所耗燃料为发电量二次函数
	考虑机组发电成本以及燃料运输成本	检修连续性约束 机组功率守恒约束 燃料约束	燃料约束包括燃料产量和运输量约束
	考虑机组检修成本和停运时的经济损失	检修资源约束 检修次序约束 检修连续性约束 机组出力约束	
	发电公司作为价格接受者和非价格接受者	机组出力约束 检修连续性约束	引入风险规避因子考虑风险

续表 5-1

	目标函数	主要约束条件	备注
最小化成本	考虑检修成本、发电成本、电价	机组出力约束 检修资源约束 检修连续性约束	考虑与机组母线相连线路检修
	考虑检修、燃料成本	机组出力约束 检修时段约束 检修次序约束	
	考虑检修成本、发电成本	检修资源约束 检修连续性约束 检修时段约束	
	考虑发电成本、失负荷成本和检修成本	机组出力约束 燃料约束 机组老化约束	考虑市场中合同对规划目标的影响
	考虑机组检修成本、电价以及失负荷成本	检修连续性约束 检修间隔约束	通过价格风险指数将失负荷量转化为成本形式
最大化利润	考虑发电成本、检修成本和启动成本	检修资源约束 检修次序约束 机组启停约束	
	市场利润、合同利润与由于未满足合同而造成的经济惩罚和各项成本	机组出力约束 检修次序约束	考虑市场中目前市场和合同影响

综上所述，对于某发电企业来说，其考察目标函数有两种，一为最大化利润，二为最小化成本，其数学表达式如下：

$$\max \sum_{k=1}^{N} \sum_{t=1}^{T} R(x(k,t), p(k,t), \lambda_t, C_k^P, C_k^M, C_k^F) \tag{5-1}$$

$$\min \sum_{k=1}^{N} \sum_{t=1}^{T} C(x(k,t), p(k,t), \lambda_t, C_k^P, C_k^M, C_k^F) \tag{5-2}$$

式中　N——待检修的机组数目；

T——检修周期中时段个数，一般以周为检修单位；

R——机组 k 在时段 t 的利润；

C——机组 k 在时段 t 的收益损失；

$x(k,t)$——机组 k 在时段 t 的状态，处于检修状态为 1，处于运行状态为 0；

λ_t——时段 t 的电价水平，可采用多种方法加以预测；

C_k^P——机组 k 的发电成本；

C_k^M——机组 k 的检修成本；

C_k^F——机组 k 的其他成本，如启停成本等；

$p(k,t)$——机组 k 在时段 t 的出力水平。

从表 5-1 分析得出，在求解检修问题时，应考虑以下基本约束：

(1)机组出力约束：在正常运行阶段，机组出力应在其功率上限和下限之间，即

$$p_k^{\min}(1 - x(k,t)) \leqslant p(k,t) \leqslant p_k^{\max}(1 - x(k,t)) \tag{5-3}$$

式中　$p_k^{\min}$——机组 k 的最小出力水平；

$p_k^{\max}$——机组 k 的最大出力水平。

(2)检修工期的连续性约束：机组开始检修后应连续进行，即

$$x(k,t) = \begin{cases} 1 & t \in [T_s, T_s + D_k] \\ 0 & t \notin [T_s, T_s + D_k] \end{cases} \tag{5-4}$$

式中　T_s——机组 k 的开始检修时刻；

D_k——机组 k 的检修持续时间。

(3)检修资源约束：由于每个公司的检修资源(如检修人员及设备)有限，在同一时段内处于检修的机组不能过多，一般来说，在同一时段内只允许一台机组处于停运检修状态，即

$$\sum_{k=1}^{N} s_k(1 - x(k,t)) \leqslant R(t) \quad \forall t \tag{5-5}$$

式中　s_k——机组 k 检修时所需资源；

$R(t)$——发电公司在 t 时刻可用检修资源，包括检修设备和检修人员。

(4)检修次序约束:在同一发电公司中,由于机组属性及在公司中的作用不同,其检修的优先权也不同,即对于第 i 机组和第 j 机组来说有

$$\sum_{t=1}^{t_1}(1-x(i,t))-(1-x(j,t_1))\geqslant 0 \tag{5-6}$$

该约束表示在 t_1 时段内,第 i 机组检修应当先于第 j 机组检修。

(5)机组可能检修工期约束:该约束主要源于发电公司自身运行策略的需要;另外,机组类型也影响到检修工期的选择,尤其是水电机组及热电厂,即

$$T_k^S\leqslant T_s\leqslant T_k^E \tag{5-7}$$

式中 T_k^S——机组 k 的最早开始检修时段;

T_k^E——机组 k 的最迟开始检修时段。

(6)由于燃料存储限制,在每个时段内所有机组的总能耗应满足:

$$\sum_{k=1}^{N}[f_k\times p(k,t)\times HW]\leqslant F_R(t)\quad\forall t \tag{5-8}$$

式中 f_k——机组 k 的单位能耗水平;

$F_R(t)$——时段 t 内发电厂商燃料存储水平;

HW——每时段中的小时数,由于以周为检修时段,故 $HW=168$ h。

该约束主要针对化石能源机组,对于水电机组应考虑水库容量等相关因素。

此外,由于机组运行时存在故障停运的可能,需要引入随机检修模型;市场环境下,不仅需要考虑实时市场的影响,还要考虑委托等其他市场因素对机组运行的影响;同时,还需要考虑其他一些约束条件,比如气体排放约束等。当然这些约束条件并不是所有发电公司都需要考虑的,应该具体问题具体对待。

通过上述分析可以看出,各发电厂商在制订检修计划时,并未考虑系统运行的可靠性和经济性的影响,因此不能直接赋予实施。实际上,各发电公司必须将其机组的检修计划提交给电网调度机构或 ISO,由其统一规划调整后实施。

第 6 章　水电机组状态检修分析

同其他机械设备状态检修类似,确保水电机组状态检修顺利实施的关键在于如何确定监测点,也就是如何得到待监测设备。作为优化检修模型的基础,可以考虑从水电机组故障树出发,分析确定导致其故障的最小割集,即可得到影响其可靠运行的关键元件。基于此,通过针对这些元件布置合适的监测设备、采用相应的信号处理方法就可获得各时段机组的运行情况。通过监测所得到的监测信息,就可判断该机组是否需要检修,若需要就停机检修维护,否则根据这些信息判断未来各时段的机组故障情况。

6.1　水电机组监测对象的确定

水轮发电机组由一些复杂的机械设备组成,主要包括水轮机、发电机、励磁系统和辅助系统等。要想准确确定整个机组的运行情况,必须通过对元件进行监测获得监测信号,并在此基础上进行综合分析后才可以。理论上讲,监测的运行元件越多,所得到的机组运行状态信息也就越多,更有助于对其运行情况做出准确的判断。当然,照此推理就需要更多的监测设备,势必要投入大量的资金。从实际应用情况看,那样做并非最佳选择,而是只需要对其中的关键元件进行监测,通过对采集的关键元件的运行信息进行分析,基本上可以准确判断出机组运行情况。为此,首要的任务就是确定影响机组运行的关键元件,比较好的办法是采用故障树分析(Fault Tree Analysis,FTA)技术对其进行分析。

6.1.1　故障树分析法简介

故障树分析法,是一种利用逻辑推理评价复杂系统可靠性与安全性的方法,具有以下特点:

(1)FTA 是一种图形演绎法,是故障事件在一定条件下的逻辑推理方法。

(2)FTA 把系统的故障与组成系统的各部件的故障有机地联系在一起,通过 FTA 可以找出系统的全部可能的故障状态,也就是故障树的全部最小割集。

(3)故障树是一种形象化的技术资料,对于生产管理人员和运行人员也是一种直观的教学和维修指南。

(4)计算机软件对于常用于分析复杂系统的 FTA 至关重要,因此受到格外重视。目前在 FTA 方面的软件发展迅速,定性、定量和图形化、微机化软件不断推出。

(5)由于 FTA 受到统计数据的不确定性影响,在定量分析中困难很大,所以除定性分析外,大家更关注 FTA 的重要度分析与灵敏度分析,这是 FTA 定量分析中的重要部分。

FTA 一般可分为以下几个阶段:

(1)选择合理的顶事件,定义系统的分析边界和范围,制定成功与失败的准则。

(2)在设计人员和生产运行管理人员的帮助下,通过分析积累的技术资料,构造合适的故障树,这是 FTA 的关键。

(3)简化或者模块化故障树。

(4)通过定性分析确定故障树的全部最小割集,并通过程序进行概率截断或割集阶截断,以使割集的数量处于合适的范围。

(5)通过定量分析,进行重要度分析和灵敏度分析,计算顶事件发生概率,即系统的点无效度和区间无效度。

故障树分析技术作为一种图形演绎法,通常采用一些专门的表示逻辑关系的符号和基本术语,以表示事件的逻辑关系和因果关系,具体可参阅相关文献。

在此,对上述所提到的割集概念加以简单介绍。所谓割集,是指导致顶事件发生的基本事件的组合;最小割集就是指导致顶事件发生的基本事件的最低限度的组合。故障树最小割集求取方法有行列法、结构法或布尔代数计算法等,具体详见附录。

6.1.2 水电机组故障树分析

构造故障树是进行故障分析的关键,它建立在充分的故障调查和故障机制研究的基础之上。以危及发电机组的安全运行导致发电机事故停机的故障作为顶故障为例,导致顶故障发生的中间故障按照发生部位可以分为水机事故、发电机事故、励磁事故、变压器事故、母线事故、调速器故障以及辅助设备故障等。这些事故又分别由一个或同时多个故障引起。按照故障之间的逻辑关系逐级往下展开,可以分别找出其基本故障,形成一棵故障树,图 6-1 所示为导致水电机组故障的故障树和其中导致水机故障的子故障树,照此方法,其他关键元件的子故障树也可通过类似分析得到。

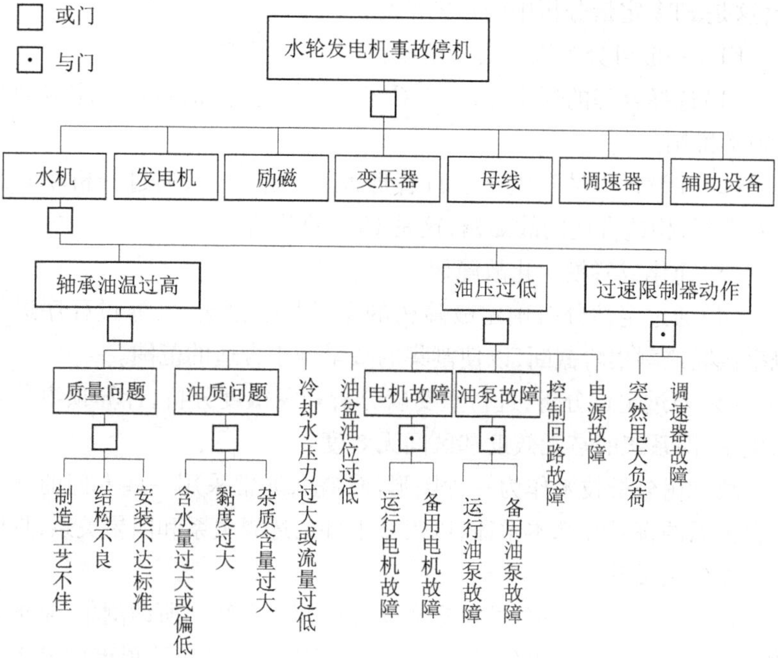

图 6-1 水电机组故障树分析图

6.1.3 监测对象的确定

机组运行状态的获取是一个复杂的过程。首先,通过对水电机组进行故障树分析,确定出可能导致其故障的关键元件,也就明确了要监测的对象。其次,在监测对象上安装合适的传感器,将采集到的信号进行综合分析后即可推断出机组运行状态。

在此我们利用最小割集概念来分析导致机组故障的原因,对于图 6-1所示的水电机组故障树而言,导致其水机故障发生的最小割集为{轴承制作工艺不佳}、{轴承结构不良}、{轴承安装不达标准}、{轴承中油质含水量过大或偏低}、{轴承油质黏度过大}、{轴承油质杂质含量过大}、{轴承冷却水压力过大或流量过低}、{轴承油盆油位过低}、{运行电机故障、备用电机故障}、{运行油泵故障、备用油泵故障}、{控制回路故障}、{电源故障}、{过速限制器突然甩大负荷、调速器故障}等。从故障性质分析,可以将导致水机故障的原因分为两类:元件质量故障和运行故障。对于前者可通过质量控制等方法避免出现故障,对于后者应安装相应的监测设备监测其运行情况,一旦出现异常情况立即停机检修,避免故障扩大。利用同样的逻辑推理,也可以得出发电机故障等其他元件的最小割集,进而确定导致顶事件(水轮发电机事故停机)发生的最小割集。

值得指出的是,由故障树分析结果可以看出,水电厂运行设备监测项目可以从两个方面进行分类:一是根据故障的性质及其影响面进行分类,分为在线监测项目和离线监测项目;二是根据水电厂或者机组在电力系统中的地位进行分类,分为必测项目和选测项目。必测项目是指每个水电厂都必须进行监测的项目,而选测项目是根据水电厂自身的特点和需要进行自我选择的项目。基于此,水电厂状态监测项目可以分为以下五类:

A 类——在线监测,必测项目:用于状态变化很快的重要设备或重要部位。

B 类——离线监测,必测项目:用于状态变化缓慢的重要设备或重要部位。

C 类——在线监测，选测项目：用于状态变化较快的较次要设备或较次要部位。

D 类——离线监测，选测项目：用于状态变化较慢的较次要设备或较次要部位。

E 类——必须监测的特殊设备或由于特殊结构需要设置监测的项目，由其特点决定选用在线监测方式还是离线监测方式。

可见，通过故障树分析，便可获得影响水电机组运行的关键元件，从而确定在运行中应着重监测的设备，并基于监测所得运行信息，估计机组的故障停机风险系数，下面依次对其进行介绍。

6.1.4 监测内容

作为一种大型旋转机械，表征水轮发电机组运行状况的设计参数种类和数目繁多，按照参数的物理性质可分为：电流、电压、电阻、电抗、功率、电能、绝缘老化、温度、流量、压力、液位、位移、振动、摆度以及噪声等。在选择监测参数时，要从有助于了解机组运行状态的角度出发，并保证能够通过监测技术得以实现。从国内外水轮发电机组实际运行经验看，状态监测的重点对象是非电量参数，其主要监测内容有：发电机定子绝缘监测、水轮发电机气隙监测、机组振动监测、机组温度监测、水轮机流量监测、水轮机水压脉动监测、水轮机汽蚀监测等。

6.1.4.1 发电机定子绝缘监测

一般情况下，绝缘设备是发电机最容易发生事故的部分。通过无损检测诊断技术，在事故发生前及早发现设备缺陷，对提高运行设备可靠性和安全性、避免设备事故的发生有重要意义。目前，生产中应用的监测方法主要有局部放电法、高压试验法、测量绝缘泄漏电流法、测量绝缘电阻法、测损失角法和直观检查法等。其中，局部放电法是一种比较先进的、行之有效的方法。该方法一般选用窄频带装置测量放电频率。若绝缘部件存在空隙或裂纹，试验时放电电压脉动幅值就变大，频率变高。通过初始放电电压的高低，就可以判断出绝缘部件是否老化及其老化程度。

6.1.4.2 水轮发电机气隙监测

水轮发电机组定子与转子之间的空气间隙(以下简称气隙)是一个重要的电磁参数,它直接影响发电机的其他参数、运行性能及技术经济指标。

气隙监测系统主要采用平板式电容器来检测气隙的变化。传感器粘贴在定子铁芯上,并与电子采集单元相连接。电子采集单元的作用是采集、传输来自传感器的测量信号,并通过计算机和软件控制测量方式,开展过程分析、储存和记录测量资料。气隙监测系统主要监测内容有定转子静态气隙变化、定子膨胀的不均匀度、单个磁极靴形状、转子变形和滑移、定转子圆度和同心度、特殊试验工况下(磁场放电、短路、甩负荷、飞逸转速)动态气隙的变化、启动和停机过程中的动态分析等。

6.1.4.3 机组振动监测

振动是水轮发电机组较为常见的问题之一,它分布在机组的各个部位,不管是传动部件还是固定部件都可能发生振动。根据起因不同,机组振动可分为水力振动、电磁振动和机械振动三大类。

研究表明,表征振动的参数有幅值、频率和相位。振动的大小由幅值表示,振动的原因由频率表示,振动的方式由相位表示。以往主要通过测量振动的幅值进行振动监测,只有在振动试验分析时才进行频率和相位测量。从状态检修的要求来看,要确定检修的部位,上述三个参数都需测量。

振动监测系统由振动传感器和二次仪表或分析系统构成。振动传感器类型有位移型、速度型和加速度型三种,水轮发电机组振动监测通常采用前两种类型的传感器。一般位移型传感器是利用电涡流效应来测量位移的,属于相对测量,主要用于轴摆度、轴转速和键相测量。一般速度型传感器是利用电磁感应原理来测量位移变化的,属于绝对测量,主要用于固定部件振动测量。

6.1.4.4 机组温度监测

水轮发电机组温度监测传感器大多采用热电阻型和热电偶型,随着技术的发展,监测显示部位由机械表头变为温度变送器,可以直接将温度信号送至计算机监控系统或显示在数字表头。

6.1.4.5 水轮机流量监测

流量在线监测分为水轮机过机流量监测和辅机系统管道中的介质流量监测。过机流量用于计算耗水率和机组效率,管道流量用于了解技术供水等辅机系统的运行状况。水轮机过机流量监测方法有很多,应用最广泛的主要有两种,即超声波法和涡壳差压法。超声波法是利用超声波在水中的传播原理进行测量的,该方法是比较成熟的监测方法,在国外应用较多。涡壳差压法根据水轮机流量与蜗壳差压间的均方根关系进行流量测量,系统由差压变送器和二次仪表组成,目前该方法在国内应用较多。辅机系统管道流量监测方法有电磁式、涡轮式、涡街式等多种方式。

6.1.4.6 水轮机水压脉动监测

对水轮机而言,水压脉动是一种普遍现象,它在很大程度上直接决定着水轮机的稳定性。涡带以低于水轮机转速的频率在尾水管中旋转,导致其中心的真空带周期性地冲击尾水管管壁,引起基础、顶盖、各部轴承振动和摆动,发出异常噪声,严重的还会产生汽蚀。因此,加强对水压脉动的监测,有助于了解水轮机的状态,进而可以优化机组运行工况,有效指导机组检修。

以前只有通过试验才能获取水压脉动信息,而现在已经有了专门用来监测水压脉动的仪表,可通过水压脉动压力变送器进行测量,通过二次仪表进行数据采集和处理,并计算出水压脉动的绝对幅值。

6.1.4.7 水轮机汽蚀监测

汽蚀问题造成机组抢修频繁,经济损失巨大,一直困扰着我国水轮机的安全运行。目前,我国对水轮机的汽蚀监测还只停留在定期察看或凭感觉的阶段,没有一套有效的水轮机汽蚀监测方法。因此,从机组运行角度出发,除采取积极有效的措施来减少汽蚀现象的发生外,还应研究开发汽蚀监测与诊断系统,以提高我国水轮机运行监测水平。

近几年,国外针对水轮机汽蚀监测做了大量的研究工作。如加拿大魁北克水力研究所(IREQ)、美国电力研究院(EPRI)和美国声学ORE股份有限公司等,基于声音传播原理,采用加速度传感器装置测量声强，并开发出相关产品，可以监测水轮发电机组汽蚀的发生发展过程，采用建立的相对标准来辨别水轮机汽蚀的严重程度，本系统已在美国多个水电厂投入使用，收到了较好的效果。

6.2 机组状态检修所需的关键技术

状态检修既是一种技术手段，更是一种管理方法和管理思想，其结构模块如图 6-2 所示。

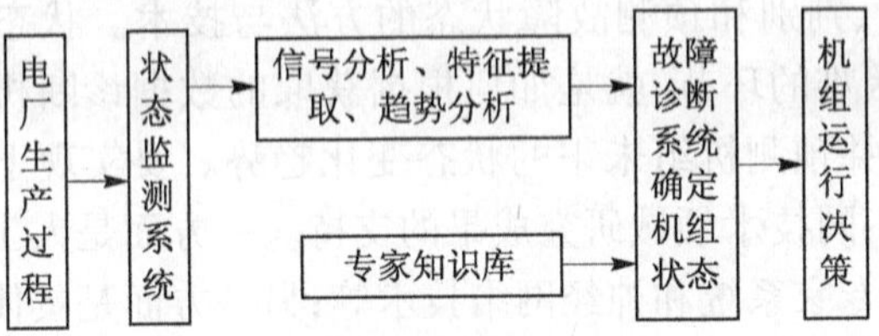

图 6-2 机组状态检修策略结构模块

从技术角度来看，准确意义上的状态检修包括以下功能模块：

(1)具有功能完备的在线监测系统。检修决策是依据机组的状态做出的，通过不断测量机组状态信号，并将其转化为需要的数字信号，以便进行深入的分析与处理。

(2)具有传输和存储大量数据的手段。在线监测系统采集的信息需要及时传输，且数据量非常大。如果对一个电厂的所有机组进行长期连续监测，数据的存储和检索都是一个需要解决的问题。通常的做法是：从状态检修的实际需要出发，按照短期、中期和长期不同阶段的需求筛选数据，将有用的数据保留，不必要的数据予以删除。照此方法，就必须重点研究筛选数据的原则和方法，以及如何组织、存储和检索筛选出的数据。

(3)提取和识别信号的方法。监测信号实际上是作用于机组的所有因素综合产生的结果。例如，振动信号反映的是各种因素引起的电气振动、机械振动和水力振动的综合结果。因此，要对机组的运行状态进行诊断，就需要从中分别分析并提取与物理作用相对应的监测信号。

传统的信号提取方法有小波分析法和傅里叶分析法。但是对于一些特殊的信号,如随机信号、不稳定信号以及微弱信号的分析与提取,还需要深入研究。

(4)组织、管理与检索数据的方式。机组状态检修决策所用的数据以在线监测系统采集的机组状态参数记录为基础,同时还要参考历史数据、可借鉴的同类型案例以及其他相关技术资料等。只有设计合理的组织方式,才能将这些性质不同的资料纳入一个统一的管理系统进行存储、管理和检索,才能确保数据被有效地利用。

(5)诊断、判别和预测故障状态的方法与技术。状态检修决策最重要也是最困难的环节,就是如何根据获取的数据诊断机组故障或判断机组状态,并预测机组未来的状态变化趋势。要实现上述目标需要不同学科和不同技术领域研究成果的支持。一方面是人工智能领域的支持,如诊断专家系统和神经网络技术等;另一方面是具体的涉及机组故障或状态的多种学科领域,如由电磁力因素引发的故障诊断需要根据电磁原理研究成果进行分析等。

(6)机组状态检修的决策。这既是一个技术问题,又是一个涉及经济方面的问题;做决策时不但要从技术层面考虑,还需要从经济层面、市场层面甚至政策层面考虑。

研究解决上述问题,在实施过程中都有一定的深度和难度。因此,要想实现状态检修,必须把以下几个关键技术问题解决好。

6.2.1 实施集成化系统

所谓集成化系统,就是将与机组运行设备相关的监测诊断系统、生产运行维护系统和管理(含调度)系统三者集成为一个统一的能够资源共享、综合利用的系统。

实施集成化系统是以设备状态监测与诊断系统为基础,将其与电厂的生产调度系统、管理信息系统(MIS)及计算机监控系统(SCADA)进行接口连接,实现整个电厂或公司局域网维护管理决策系统,同时通过广域通信接口连接到电力系统各级控制系统和远程诊断中心,以便实施远程诊断与维护管理。图6-3给出了运行机组诊断与维护管理集成化总体结构示意图。

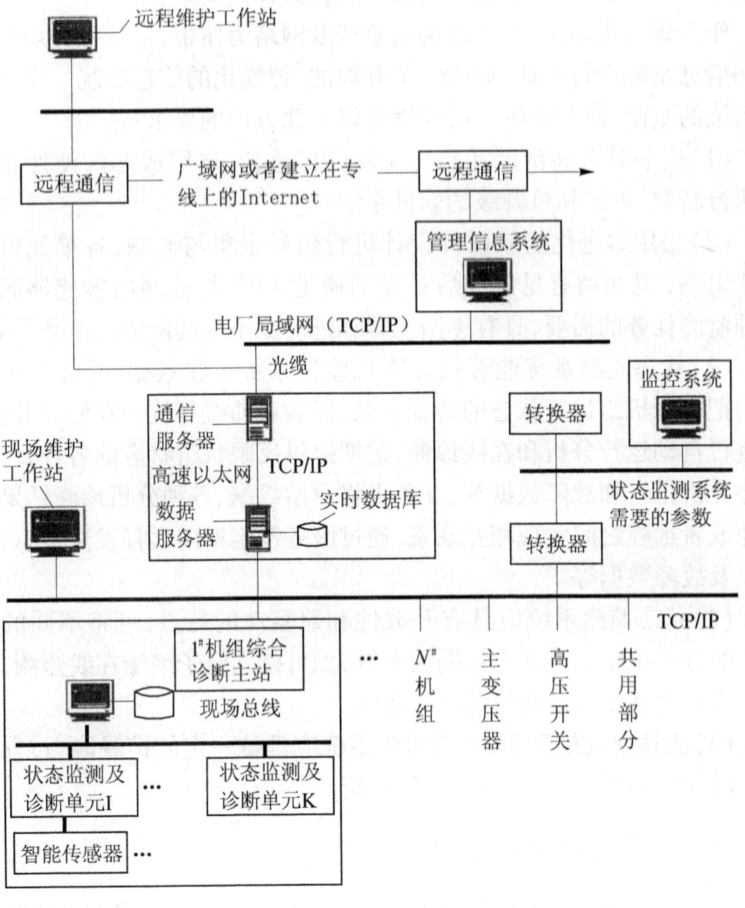

图 6-3 运行机组诊断与维护管理集成化总体结构示意图

从示意图可以看出,该系统由信号源、信号传输、状态监测与诊断系统、后台维护管理与调度等部分组成。其中,状态监测与诊断系统是该系统的主体结构。信号源有两种渠道获得,根据运行机组监测诊断需要利用传感器获得的设备信号和计算机监控系统采集的信号。运行机组诊断与维护管理系统的工作流程一般为:首先进行信号采集及信号处理,然后进行信号分析和特征信号提取,并将结果输入诊断分析系统进行对比识别,据此做出预测诊断和检修计划决策。

作为集成化系统,必然以现场总线及网络为纽带,将其各种功能模块和信息系统进行集成,形成一个开放的、智能化的信息系统。作为整个系统的基础,监测系统一般应满足以下几方面的要求:

(1)安装具有高精度和高可靠性的传感器,选用成熟的硬件系统及执行高效、可靠和可升级的软件系统。

(2)采用组态化的软硬件设计进行信号采集与监测,各单元可以灵活组态,并预留有足够今后扩充的通道。同时,监测内容能够满足各种监测任务的需要,具有逐渐完善和进一步丰富的能力。

(3)状态监测系统能够从计算机监控系统接收数据,并能在服务器中把表征机组运行状态的特征参数、图表和曲线等统一存储,利用软件进行自动运行分析和在线诊断,定期提供反映机组状态的各种日志、趋势分析报告和故障数据等,并负责将原始数据、各种分析诊断结果在本地或者远程之间实现相互联系,通过服务器定期向远程发送日志、趋势以及故障数据等。

(4)状态监测系统应具有开放性和兼容性的特点,可将不同的监测诊断分系统整合为状态诊断大系统,如可接入定子绝缘在线监测、汽蚀在线监测和变压器在线监测等系统。

(5)为适应发展需要,状态监测系统应具备一定的扩展能力,方便以后增加新的系统,还可避免重复投资。

6.2.2 监测点选择和布置

机组运行设备状态信号获取的一个重要环节就是选择和布置监测点。设计的机组运行性能、设备构造和规律性直接决定了监测点选择得是否合理、是否准确以及监测点的数量,进而影响到信号的真实性和系统的分析、诊断与决策的可信度。总体而言,“可靠、经济、实用”是水电机组监测点配置的基本原则。鉴于目前国内技术水平发展的限制,水电机组状态监测可优先安装技术上比较成熟且涉及机组基本监测状态需要的机组效率监测系统和运行稳定性监测系统。条件成熟时,逐步安装发电机局部放电监测和定、转子空气间隙监测等监测系统。在资金允许的情况下可以在初期一并考虑。在国外,机组汽蚀在线监测技术比较成熟,如加拿大、美国等地应用较多,国内在软、硬件应用方面还处于摸索和逐步发展阶段。

6.2.2.1 测点布置的优化原则

优化原则是监测点布置应遵循的最基本原则。从设备监测的角度来说,既要考虑它的必要性、可能性,还要兼顾其实际应用,力求做到少而精。

布置监测点,要从满足诊断的基本需要出发,选择最有代表性、最能反映运行设备状态的监测点,或最有利于体现设备运行故障的监测点;对于重要运行参数或重要设备,可以结合机组运行的实际情况,对监测点进行加密布置,以进一步提高设备监测的准确度。

在生产应用中,监测点的优化要坚持用最低的成本实现最多的故障信息的监测,同时还要考虑现场安装条件的可行性和日常维护的方便性。因此,水电机组状态监测的测点布置应遵循以下基本原则:满足设备状态评价所需对监测基本参数的要求,考虑设备故障诊断模型对信息的要求、安装要求、运行特性的要求。此外,测点之间还必须具有相关性、互补性和相对独立性、经济性。

6.2.2.2 测点布置要适应四个特性

所谓机组运行的四个特性,即机械特性、水力特性、设备结构特性及电气特性,这四个特性体现了水电机组运行的主要工作特征,集中反映了机组运行设备的状态、性能及故障特征。

在测点选择和布置时,应根据水力特征,合理选择水轮机及其过流部件的压力及压力脉动的测定位置;应从机组低频旋转机械的特性出发,结合机组的水力和电气干扰等因素,合理地选择机组振动、摆度的测点位置;应根据机组设备结构特点、机组性能特点和故障征兆等因素,结合设备趋势、寿命分析选择和布置测点;应结合发电机结构综合分析及其电气特性,合理选择和布置发电机相间、匝间等故障的监测点,合理布置机组温度、定转子间隙和绝缘等监测点位置。

6.2.3 一次传感元件选型及标定

选择、使用传感器和变换器等一次传感元件时，应重点关注以下内容：

（1）根据水电机组输出的低频随机信号特点，要选择与之配套的精度高、输出性能优的低频传感器。水电机组运行转速一般较低，传感器的频率响应区间以控制在0～200 kHz为宜。

（2）注重静态指标的选择和标定工作。传感器的静态性能指标很多，主要有精度、线性度、灵敏度、重复度、迟滞以及零点漂移等。选择传感器，要尽可能选择满足要求且性能较好的传感器。在使用前，要对传感器进行静态性能指标调试和带线标定，以确定传感器静态标定曲线。

（3）注重动态指标的选择和标定工作。传感器的动态性能指标很多，主要有幅频特性、固有频率、时间常数、过冲量、上升时间、阻尼比等。在使用前，要对传感器进行动态性能指标调试和带线标定，标定时选择低频振动台确定传感器动态标定曲线。

（4）注重传感器的使用条件及周围环境。所选择的传感器要能够长期安全稳定运行，并且还能准确可靠地反映设备运行状态。

6.2.4 信号的分析与处理

当设备信号获取后，对设备信号的分析与处理就显得尤为重要。只有进行正确的分析和处理，分辨出信号的性质，才能准确识别设备的运行状态，揭示设备问题的本质原因。

针对不同的设备，由于其结构特点和性能各不一样，因此能够反映其设备的信号、特征、征兆也就不尽相同，对设备信号分析的基本功能也不可能完全一致。通用的机械设备的系统信号分析基本功能主要有时域、频域、时差域、幅值域、传递特性等信号分析。它既适合于确定性信号（含周期信号及非周期信号）的分析，又适合于随机信号的分析。

水轮发电机组属于旋转机械设备，有其自身的固有特性。在系统信号分析中，不仅有通用机械设备的信号分析功能，而且还具有独特的信号分析功能。其状态信号包含有周期信号、非周期信号和随机信号。其中低频随机信号是机组运行的固有特性，由于反映机组运行设备状态的周期较长，加上水轮发电机组低频随机信号的特性，增加了信号采集和处理的难度和特殊性。选择采样周期时，要注重选择的合理性，从而提高采样数据的精度，用适当数量的时域数据获得准确可信的谱分析数据，尽量减少谱线泄漏，避免栅栏效应，特别是机组振动、摆度和压力脉动信号要进行整周期采样。为了分析到较低次谐波，需要进行非周期性采集和软件具有整周期细化功能，实现提高谱分析范围的目的。在数据采集速度上，既要提高 A/D 板数据转换和数据传输速度，又要采取先进的数据处理技术。在信号处理上，要特别注重低频随机信号的处理，应用概率密度函数和功率谱等技术分析随机信号及含有周期性成分的信号，同时还要广泛应用相关滤波、低频滤波和混合滤波等技术。

6.2.5 特征信号与故障类型

6.2.5.1 机组特征信号的获取

作为故障诊断的基础，机组运行设备状态特征信号的获取至关重要。获取的特征信号是否正确，直接决定预测诊断的效果。只有准确获取并正确分析机组运行的特征信号，提取出状态征兆，才能对机组运行设备和性能做出诊断、维护与管理决策。

机组运行状态特征信号主要有两种表现形式：以物态形式表现出来的特征信号和以能量方式表现出来的特征信号。对于裂纹、烟雾、油质等以物态形式表现出来的特征信号，可以采用特定的化学或物理分析方法（如探伤分析、超谱分析等）进行征兆提取。对于温度、电流、电压、振动、摆度、位移、压力等以能量形式表现出来的特征信号，可以在时域中进行征兆提取，还可以在相位域、频域或幅值域中进行征兆提取。通常情况下，水轮发电机组的特征信号主要以能量形式表现。

6.2.5.2 机组故障类型的确定

由于机组运行故障的复杂性、层次性及多样性的特点，在进行诊断预测时，必须首先弄清楚故障类型、表现形式及产生的原因。通过故障机制准确决策出故障类型和性质。一般而言,运行机组故障类型分为五类,即水轮机故障、发电机故障、推力轴承故障、机组结构故障及导轴承机械故障等类型。通过对这些故障类型逐级细化,就可以逐层逐级细分成多级子故障,最终形成故障树。该故障树能清晰地表示出机组故障类型之间的因果关系。建立科学合理的故障树,有助于建立系统故障诊断模型,有利于建造专家系统的知识库,进而形成具有智能诊断的专家系统检修模式。

6.2.6 机组运行状态分析

根据监测设备获取的监测信号以及提取的特征信号,采用恰当的诊断方法就可以确定出合适的诊断模式。其故障诊断的基本原理和过程是:利用机组运行时的各种特征参数,根据第1章所述的多种故障诊断方法来识别机组的运行状态,确定故障发生的部位、严重程度,分析其故障原因,基于多种类型机组运行状态的综合和分析,便可确定该类型机组的停机风险系数。

6.3 机组故障分析

监测设备安装在各监测点,可获得机组每个时段内的运行指标,由此判断机组运行情况,决定其是否需要检修,若需要则停机维护,若不需要,则可根据这些监测指标判断整个机组在以后的故障概率。

机组故障给发电厂商经济利益主要带来两方面风险:一方面,降低总体可用出力水平,降低售电效益;另一方面,为确保机组继续运行,需要更换故障元件,造成一定费用支出。本节采用分段函数形式来描述机组故障模式,并给出所用参数估计方法。

故障停机风险系数 E 是一个重要的因素,其准确度直接影响模型优化效果。实质上 E 的求取是预测机组状态并对未来机组状态进行评估。E 主要取决于机组现在的状态和还要运行的时间。由于机组设备的故障率和使用时间的关系符合"浴盆曲线",故机组的状态和使用时间也有类似关系,因此可以用"浴盆曲线"来描述故障停机风险(见图6-4)。

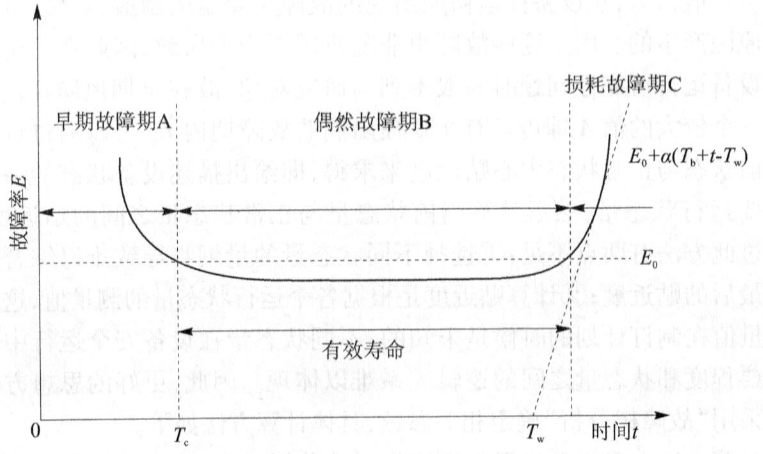

图 6-4　设备故障特征曲线——浴盆曲线

由图 6-4 可知，发电设备整个有效寿命期可以分为三个阶段：早期故障期 A、偶然故障期 B 和损耗故障期 C。其中早期故障期内，由于设备在设计、制造、储存、运输、安装过程造成的缺陷以及各种人为因素导致该期间内的问题较多，当这些缺陷被处理后，失效率趋于稳定，该曲线的风险系数是下降的。而偶然故障期内，失效原因主要是由于过载、误操作等偶然因素造成的，该时段风险基本不变。第三个阶段为损耗故障期，这期间引起失效的原因主要是发电设备老化、磨损、腐蚀等因素，失效率是递增的，故风险也呈近似线形上升趋势。因此，E 近似计算公式为：

$$E=\begin{cases}A & T_b+t\leqslant T_c\\E_0 & T_c<T_b+t\leqslant T_w\\E_0+\alpha(T_b+t-T_w) & T_w<T_b+t\end{cases}\qquad(6\text{-}1)$$

式中　T_b——截至本规划期机组已运行时间；

T_c——偶然故障期开始时间；

T_w——损耗故障期开始时间；

E_0——机组在偶然故障期的失效系数；

α——机组参数，由机组特性决定，根据其运行规律得到。

一般认为,在设备投运初期出现的故障主要是因制造、安装、调试等原因产生的。由于这些故障由非随机因素影响所致,因此在讨论发电设备运行可靠性问题时一般不列为研究对象,故在早期风险期内 E 取一个较大的值 A 即可。有文献提出偶然故障期内 E_0 可以通过计算当前状态与正常状态中心贴近度来求得,即给出描述设备状态的一组主要运行状态量,然后计算当前状态量与正常状态量之间的贴近度。不过此方法有两点不足:①选择不同状态量的量纲将导致难以综合统计最后的贴近度;②计算贴近度是根据各个运行状态量的测量值,这些测量值在制订计划的时候是未知的,不同状态量在设备安全运行中的重要程度和状态量之间的逻辑关系难以体现。因此,更好的思想方法是采用"故障树分析"确定相关参数,具体计算方法如下。

鉴于以上对水电机组停机故障树的分析,可知故障停机为该故障树的顶事件,用 $\Phi(x)$ 表示。故障树底事件为导致该机组故障的 n 个元部件发生故障,用 $x_i(i=1, 2,\cdots,n)$ 表示,这些事件相互独立。系统最小割集的表达式为 $C_j(x)$,定义为:$C_j(x)=\prod X_i(i\in C_j)$;其中 X_i 为子集所对应的状态相量,即 $X_i=\{x_{i1},x_{i2},\cdots,x_{im}\}\in X(i=1,2,\cdots,n)$。

由此得到:

$$\Phi(x)=\Phi(x_1,x_2,\cdots,x_n)=\sum_{j=1}^{k}C_j(x) \tag{6-2}$$

式中,k 是最小割集数。

顶事件发生的概率,即机组故障概率用 E_0 表示。底事件发生的概率用 $q_i(i=1,2,\cdots,n)$ 表示。根据概率计算定义,顶事件的概率 E_0 实际上是求结构函数的数学期望,即

$$E_0=P(\Phi(x)=1)=E[\Phi(x)] \tag{6-3}$$

令 G_i 为最小割集 $C_j(x)$ 全部底事件发生的事件,则顶事件发生的事件为 k 个 G_i 中至少一个发生的事件,因此

$$\begin{aligned}E_0&=P\{\sum_{i=1}^{k}G_i(x)\}=\sum_{1\leqslant i_1<i_2\cdots i_j\leqslant k}^{k}P\Big\{G_{i1}\cap G_{i2}\cap\cdots\cap G_{ij}\Big\}\\&=f(q_1,q_2,\cdots,q_n)\end{aligned} \tag{6-4}$$

概念函数关系 $f(q)$ 由发电设备系统的结构决定,由各底事件的串

并联关系确定，其中各底事件 q_i 根据监测设备对各元件监测信息由已有运行经验和故障诊断方法判断得到，基于此，根据每个时段各监测元件所反馈的监测信息便可确定相应的机组故障概率。现举例说明如下：假如某一故障树有三个最小割集，依次为 $C_1 = x_1x_2$，$C_2 = x_1x_3$，$C_3 = x_2x_3$，则可用式(6-2)求出顶事件概率为：$g(q) = q_1q_2 + q_1q_3 + q_2q_3 - 2q_1q_2q_3$。从该分析可知，若底事件较多，则状态监测元件越多，g 的推导求取就越复杂，从这个角度来看，应在准确判断机组运行状态的基础上，尽可能减少状态监测元件数。此外，E_0 的准确程度也与所采用的故障诊断方法和已有的运行经验密切相关。

另外，各底事件发生的概率 q_i 应通过比较各监测设备所得到的监测信息和被监测元件正常运行指标来获得，也可以由专家根据经验获得或采用计算贴近度的方法加以分析确定。

第7章　市场环境下水电机组优化检修模型

市场环境下，厂网分开，各发电厂商成为独立的经济实体，以其经济效益最优为目的安排包括检修在内的机组运行，以体现其市场主体地位，包括检修在内的水电机组的运行管理亦不例外。

对于市场环境下发电厂商如何确定其机组检修计划，许多学者考虑不同因素后，提出了相应的优化模型，主要针对目前竞争市场模式进行分析，通常以规划期内发电厂商的运行成本最小或经济效益最优为目标，基于生产成本、检修成本、启停成本等机组自身因素及价格水平等市场因素，考虑相关约束后，确定最佳检修时段。

市场环境下，发电厂商面临诸多不确定因素的影响，主要包括规划期内市场电价预测的不准确性和机组自身突然故障影响。对于前者研究较多，通常用蒙特卡洛模拟法评估电价波动带来的风险；对于后者研究较少，本章结合机组故障情况，基于根据机组状态监测所得到的故障停机风险系数，重点分析机组故障对发电厂商经济效益带来的风险，讨论其对机组停运规划的影响。部分研究对其也作了相关讨论，有的基于机组多运行状态及老化失效分析，通过比较检修经济损失、运行风险损失确定各机组最优检修时段；有的利用分段函数描述机组浴盆曲线的故障模式，考虑检修与否的费用水平确定机组停运时段；有的详细分析了机组故障/检修停运对发电厂商的成本效益，基于此，以其效益最优为目标安排机组检修。

虽然部分检修规划模型考虑了机组的运行状态，但并未充分利用各监测设备所得到的运行信息，可能造成检修过度或检修不足；而传统意义上的基于机组运行状态测量与诊断的状态检修方案，虽然能够根据各机组部件元件的实际运行情况，确定其在各时段内检修与否，提高了设备的可靠性水平，降低了故障率，但并未考虑外界因素的影响，而这并不符合电力工业市场化改革的需求。基于此，本章提出了基于机组监测状态的优化检修策略，该策略在一定程度上融合了状态检修和计划检修两者的优点，保证了在确保机组可靠运行的前提下，最大化发电厂商的经济效益。

本章基于上章所述的机组故障停机风险系数，阐述了市场环境下机组的优化检修策略，并根据机组检修/故障停运对水电厂的成本/效益影响，给出了以规划期内水电厂经济效益最佳为目标的规划模型，最后根据该规划模型特点，指出应采用遗传算法和线性规划法进行求解，并对两者进行了简单论述。与其他模型不同，本模型将计划检修与状态检修相结合，兼顾了机组运行状态和市场电价的影响，确保了机组运行的可靠性和发电厂商的经济效益。

7.1 水电机组优化检修策略

对于当前广为利用的机组计划检修和状态检修策略，两者均存在优点和不足。一方面，基于机组运行状态测量与诊断的状态检修方案，能够根据各机组部件元件的实际运行情况，确定其在各时段内检修与否，有利于提高设备的可靠性水平，降低故障率，不过，该检修策略并未考虑外界因素的影响。在市场环境下，水电厂以其自身的经济效益最优为目标安排其机组运营及检修，而其经济效益主要来源于在市场中的售电效益，这与市场电价密切相关，而传统意义上的状态检修策略并未考虑市场电价影响。另一方面，计划检修模型大多未考虑其当前运行状态，可能造成检修过度或检修不足，降低了机组运行的可靠性，浪费了检修资源。基于此，为了统筹考虑机组自身运行情况与市场电价对其整体效益的影响，本文提出了状态检修与计划检修相结合的优化检修策略，即利用机组运行状态来校正计划检修安排，基本流程如图 7-1所示。

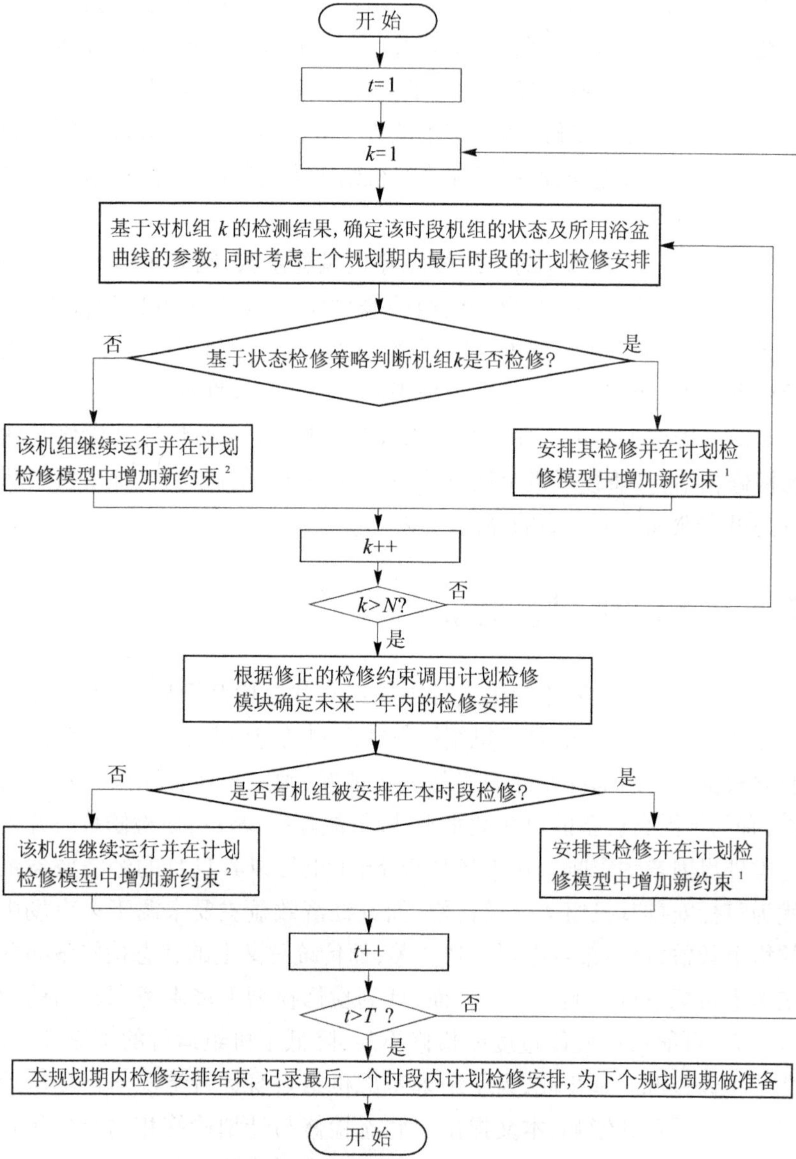

图 7-1　水电厂机组优化检修策略

数为

$$\max V = \sum_{t=1}^{T}\sum_{k=1}^{N}F_1(k,t) - \sum_{t=1}^{T}\sum_{k=1}^{N}F_2(k,t) - \sum_{t=1}^{T}\sum_{k=1}^{N}F_3(k,t) \tag{7-4}$$

式(7-4)表明规划期内发电厂商的经济效益水平为售电效益与风险费用和检修费用之差。在求解上述模型时,应考虑以下约束条件:

(1)机组出力约束:对于水电机组,在其检修时,出力为0;未检修时,出力应在其可用最大和最小出力之间,不能越限,即

$$P_k^{\min}(1 - x(k,t)) \leqslant g(k,t) \leqslant P_k^{\max}(1 - x(k,t)) \quad \forall k,\ \forall t \tag{7-5}$$

其中,$P_k^{\min}$ 为机组 k 的最小出力水平。

(2)水库可用水量约束:机组每时段的耗水量不得高于水库的可用储水量,本文中采用每周的平均储水量作为其耗水量上限,可通过相关来水量预测模型得出,即

$$\sum_{k=1}^{N} g(k,t)C_k \leqslant C^{\max} \quad \forall t \tag{7-6}$$

其中,C_k 表示该机组单位功率的耗水量。

(3)检修区间约束:为充分利用水资源,水电机组应在来水量较小时安排其停运检修,以减少发电厂商的经济损失,即

$$x(k,t) = \begin{cases} 1 & t \in \Psi_k^{\text{able}} \\ 0 & t \notin \Psi_k^{\text{able}} \end{cases} \tag{7-7}$$

其中,Ψ_k^{able} 表示可用的检修区间,可以为连续的时间段,也可以是离散的时间段。

(4)机组检修持续时间约束:机组 k 应在规定的时间 D_k 周内完成检修,即

$$\sum_{t=1}^{T} x(k,t) = D_k \quad \forall k \tag{7-8}$$

(5)检修连续性约束:机组一旦开始停运检修,应在连续的 D_k 个区间内完成,不能中断,即

$$x(k,t) - x(k,t-1) \leqslant x(k,t+D_k-1) \quad \forall k,\ \forall t \tag{7-9}$$

(6)检修次序约束:发电厂商根据其机组运行情况,为最大化其经济效益,要求部分机组应优先被安排检修,即有

$$\sum_{\tau=1}^{t} x(k_1,\tau-1) - x(k_2,t) \geqslant 0 \quad \forall k_1,k_2 \tag{7-10}$$

(7)检修资源约束,由于检修设备及人力资源的约束,在同一段时间内不允许多台机组检修,一般来说,在一周内只允许有一台机组处于检修状态,即

$$\sum_{k=1}^{N} x(k,t) \leqslant N_{\mathrm{R}} \quad \forall t,\ \forall k \tag{7-11}$$

其中,N_{R} 为该发电厂商在每个时段内可用于检修的机组数目。

根据本文所述的检修策略,在一年规划期(共 52 周)内,上述计划检修模型要被调用 52 次,隶属于迭代规划思想,其中所用到的机组故障风险系数根据各时段监测设备采集得到的机组运行信息加以确定。为了保证上述计划检修模型在各时段的通用性,在各时段自动延长其规划期至一年,并调整在该时段被检修机组的检修区间约束。具体来说,如果在时段 t_m 内机组 k 开始检修,而其他机组均未被安排检修,则此时调用本计划检修模型时,应增加以下新约束,分为两种情况:

对于机组 k,在时段 $t_1 \in [t_m, t_m + D_k - 1]$ 内,此时规划期自动延长为一年,即规划期为$[t_1, t_1 + 51]$,有

$$x(k,t) = \begin{cases} 1 & t \in [t_1, t_m + D_k - 1] \\ 0 & t \in [t_m + D_k, t_1 + 51] \end{cases} \tag{7-12}$$

若在时段 $t_1 \in [t_m + D_k, 52]$内,则有

$$x(k,t) = \begin{cases} 0 & t \in [t_1, 52] \\ 0 \ \text{or} \ 1 & t \in [53, t_1 + 51] \end{cases} \tag{7-13}$$

对于其他机组,在时段 $t_1 \in [t_m, 52]$内,有

$$x(k',t) = \begin{cases} 0 \ \text{or} \ 1 & t \in [t_1, 52] \\ 0 & t \in [53, t_1 + 51] \end{cases} \tag{7-14}$$

式(7-12)~式(7-14)确保了每台水电机组在该规划周期内只允许被安排检修一次。

应说明的是,上述约束条件每一个时段内均发生变化,一旦机组被

安排检修，则该约束条件按式(7-12)或式(7-13)修正，若截至待研究时段，机组仍未被安排检修，则按式(7-14)修正。

通过求解上述模型，发电厂商便可确定其机组的检修时段及各电价序列样本下机组可用出力水平，利用式(7-15)即可得到发电厂商在时段 t 的可用期望出力水平 $G_{\mathrm{E}}(t)$，从而初步确定每天的发电计划，为其合理分配在不同市场中的出力奠定基础。

$$G_{\mathrm{E}}(t) = \sum_{k=1}^{N} g(k,t) \times (1 - E_{k,t}) \tag{7-15}$$

众所周知，水电厂有其不同于其他类型电厂的特点：水量和水位受天气和季节的限制；大部分水电厂是各大流域的综合性工程，往往社会效益排在首位。因此，对于水电厂而言，上述机组状态检修计划在考虑共性因素的同时，还应考虑因工程发挥社会效益带来的问题。

7.2.3 模型求解及算法分析

7.2.3.1 模型分析

对于上述计划检修模型，是一个典型的包含 0 - 1 整数变量和连续变量的组合优化问题，共含有 $N \times T$ 个 0 - 1 变量、N 个连续变量，且整个问题不连续、不可微，利用常规数学优化方法难以求解。对于该模型，其中各机组出力约束应基于其检修计划安排，故本文将该问题分上下两个子问题分别进行求解：

对于上层子问题，负责求解各机组检修时段，是一个组合优化问题，可利用遗传算法进行优化，由于目标函数恒为正，故将其直接作为适应度函数加以求解，此时，水电厂可方便考虑其他相关约束条件。为降低求解难度，将约束条件式(7-7) ~ 式(7-11)在染色体生成、交叉、变异中加以考虑。

基于上层子问题中遗传算法所产生的检修计划，即每一代中的各个体，求解下层子问题，通过确定合适的出力水平以最优化整个电厂的经济效益，并将该效益作为目标值返回上层问题，评估各个体的优劣。由于式(7-4)中后两项均固定，问题简化为通过求解各机组的出力水平，以最大化该发电厂商在规划期内的售电效益。由于各时段之间相

互独立，为提高计算速度，可以分时段求解，各时段的目标函数变为

$$\max \sum_{k=1}^{N} F(k,t) = \sum_{k=1}^{N} (p_t - C_k^p) \times g(k,t) \times (1 - E_{k,t}) \times (1 - x(k,t)) \times HW \tag{7-16}$$

式(7-16)中各机组出力水平 $g(k,t)$ 是待求变量，共 N 个值，其余均为已知量，若考虑包括双边合同、备用市场在内的复杂市场模式，则将变成多变量的线性规划问题，因此对于上述问题可采用线性规划方法来求解，本文采用在 VC ++ 环境中调用 LINDO API 接口加以求解。

模型的求解流程如图 7-2 所示，其中所采用的遗传算法和 LINDO API 接口说明见后续内容。

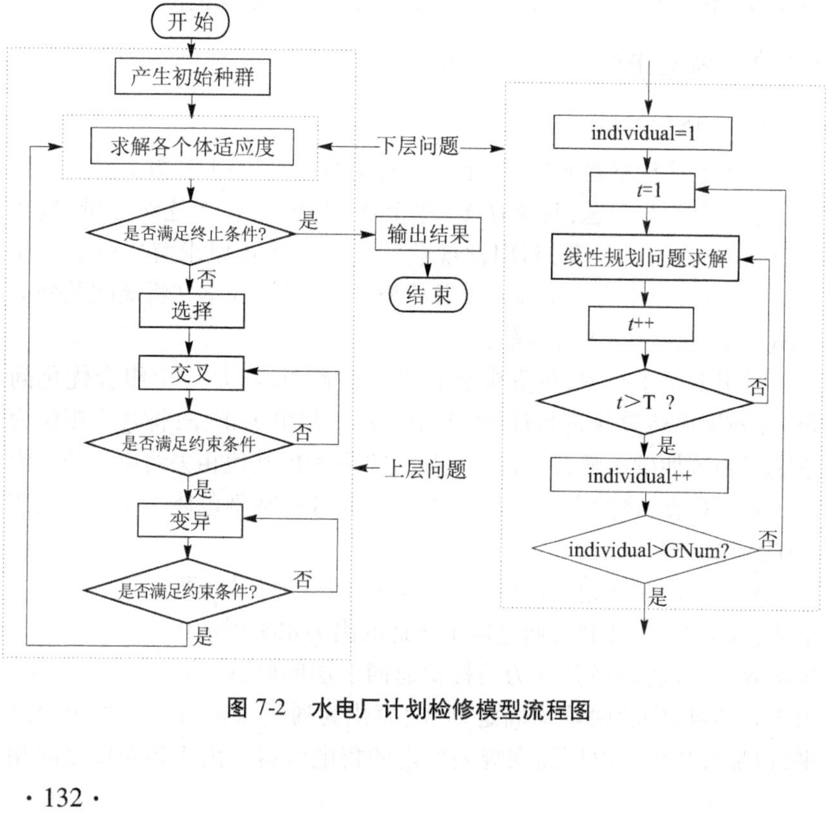

图 7-2　水电厂计划检修模型流程图

7.2.3.2 遗传算法求解上层问题

遗传算法是由自然界生物遗传机制抽象出来而形成的一种新型优化算法。其计算过程如下:首先将实际优化问题编码成符号串,也称染色体,将实际问题的目标函数转变成染色体的适应度函数,然后在随机产生一批初始染色体的基础上,根据各染色体的适应度函数进行繁殖、交叉及变异等遗传操作,产生下一代染色体。适应度函数值的大小决定了该染色体被繁殖的概率,它反映了适者生存的原理,交叉和变异操作通过随机和结构化地交换各染色体之间的信息,以产生更优秀的染色体。这样经过逐代遗传,产生出一批适应度函数值很高的染色体,最后将这些染色体解码还原就可以获得原问题的解。当染色体域足够大、遗传代数足够多时,理论上讲,遗传算法一定可以逼近原问题的最优解。

1. 基本原理

遗传算法是用生物群体的观点来看待优化的问题。它将处于待求问题解空间中的任意一点看作是一个个体(individual),一定数量个体的集合构成一个群体(population),因此群体中的每一个个体都代表了问题的一个可能解,但不一定是最优解。处于某一时段的群体也称为代(generation)。在遗传算法中,用位串结构来表示待优化的参数,以便于 GA 算子的操作,这个过程称为编码过程。反之,由某一位串求得其表示的具体参数值的过程称为解码过程。位串也称为染色体,染色体的每一位称为一个基因。针对具体问题,GA 通过定义一个适应度函数(fitness function)来模拟生物界中的环境,而每一个体所对应的适应度函数值就代表了该个体对环境的适应度,适应度值越高表明该个体适应环境的能力越强。在确定 GA 的第一代群体后,在各种 GA 算子(如常用的选择、交叉、变异等)的作用下,将按照类似于自然选择的过程一代一代向前进化,最终获得问题的满意解。

在本算例中,以每台机组的开始检修时段为求解对象,进行编码时采用 0－1 二进制编码。由于通常以一年为规划期、以周为检修单位,故每个规划期内共有 52 个检修时段,考虑每台机组检修需要一定时段，因此其机组可选的开始检修时段数必然小于或等于52，故每台机组采用6位编码即可，比如某机组在第26周开始检修，则其相对应的二进制编码段为011010。

2. 基本操作

遗传算法有三个主要操作算子：选择、交叉、变异。它包含了五个基本要素：参数编码、初始群体的设定、适应度函数的设计、遗传操作设计和控制参数设定。遗传算法的三个主要操作算子如下。

1）选择

选择是对前代方案按照优胜劣汰原则进行挑选，从而得到下一代方案。具体来说，就是根据前代染色体的适应度函数值，确定繁殖概率，选择染色体，作为下一代染色体的父本。选择的原则是适应度函数值高的染色体的繁殖概率应该比较大。常用的选择方法是轮盘赌法（Roulette Wheel Selection），选择公式为

$$r_i = f_i / \sum_{k \in N} f_k \tag{7-17}$$

式中 r_i——染色体 i 的繁殖概率；

f_i——染色体域中第 i 个染色体的适应度函数；

N——染色体的总个数。

从式（7-17）中容易看出，某一染色体被选中的概率和其适应度的大小成正比，适应度函数值越大的染色体存活的概率也就越大。

对于本模型求解中适应度函数的选择，由于目标函数式（7-4）中 V 表示在整个规划期发电厂商的经济收益，该值越大则检修规划越合理，故直接以其作为遗传算法中的适应度函数，即式（7-17）中 f_i 为各染色体所对应的发电厂商在规划期内的经济效益水平。

2）交叉

交叉是指把两个父代个体的部分结构加以替换重组，从而生成新的个体的操作，其目的是让方案中的优良特性得到充分组合。交叉运算的关键是要确定两个问题：一是如何确定交叉点的位置，二是如何进行部分基因的交换。例如，对于下面两个染色体，当随机地选择交叉位置在第4位时，交叉操作后产生的两个新染色体如下所示：

$$\begin{Bmatrix}0110 : 111\\0101 : 000\end{Bmatrix}\rightarrow\begin{Bmatrix}0110 : 000\\0101 : 111\end{Bmatrix}$$

染色体是否进行交叉操作是由交叉率决定的。交叉率事先给定，是染色体进行交叉操作的概率。交叉率的选择对收敛性有一定影响，一般由试探法确定。目前最常用的交叉方式有单点交叉、两点交叉（two-point crossover）、多点交叉（multi-point crossover）、均匀交叉（uniform crossover）。对不同的问题选择适当的交叉算子，对取得理想的结果至关重要，本算例中采用最简单的单点交叉思想。

3）变异

变异操作的基本内容是对群体中的个体串的某个基因座上的基因值作变动。目的是产生新的特性，避免漏选或落入局部最优解中，改善局部搜索能力，防止出现早熟的现象。对于字符集{0,1}的二值码串而言，变异操作就是把某些基因值取反，即0变1或1变0。

变异操作的具体步骤为：在指定的个体码串范围内，随机确定基因座，以事先设定的变异率 P_m 对这些基因座的基因值进行变异。具体操作就是，对交叉后生成的每一个体的每一位基因位产生一个0～1之间的随机数，若该随机数大于变异率，则该位值不变，否则作0、1翻转变化。例如，将下列染色体的第4位基因进行变异，得到新的染色体如下所示：

$$\{00101111\}\rightarrow\{00111111\}$$

3. 遗传算法的特点

遗传算法是借鉴生物进化和遗传而形成的一种独特的优化方法。与传统优化方法相比，遗传算法利用目标函数变量的编码进行优化，而不像传统方法用变量本身，使得原问题的表达和求解比较灵活。

许多传统算法都是单点搜索算法，对于多峰分布的搜索空间常常会陷于局部的某个单峰的极值点。遗传算法采用同时处理群体中多个个体的方法，同时对搜索空间中的多个解进行评估，因此具有较好的全局搜索性能，减小了陷入局部最优解的风险。

遗传算法不需要函数的导数或其他信息，只需利用目标函数的函数值信息（适应度）来指导搜索，因此待求解的问题可以是非线性的、非连续的和不可微的；采用概率的变迁规则来指导它的搜索方向；同时还具有隐含的平行性，使得遗传算法在搜索空间内使用相对少的个体，就可以检验表示数量极大的区域。

遗传算法的上述特点引起了电力系统研究者的极大兴趣。虽然将遗传算法用于电力系统领域的研究历史不长，但是其应用已涉及电力系统研究的很多领域，如无功优化、机组组合、电网规划、网络分割、故障诊断、潮流计算以及电力系统运行控制等。20 世纪 90 年代以来，随着遗传算法自身理论的发展和世界范围内遗传算法研究热潮的兴起，加上电力系统传统计算方法局限性的日益暴露，遗传算法在电力系统中的应用日益活跃起来。

通过遗传算法选择、交叉、变异等各项操作，便可产生每代中各个体，即对应着不同的检修计划，此时其所对应的式（7-4）中后两部分机组风险费用和检修费用为定值，在此基础上调用下层线性规划问题的求解模块，即可计算得出各个体所对应的适应度水平，进行一定代数求解计算后即可确定一个较优的、可行的检修计划。

7.2.3.3 线性规划软件 LINDO 求解下层优化问题

LINDO 是 Linear Interactive and Discrete Optimizer 的缩写，它可用于求解线性规划、整数规划和二次规划这三类优化问题。该软件在处理线性规划问题时，首先使用“预处理程序”分析使用者所提交的优化模型，自动剔除冗余约束、固有变量及替代变量，并根据优化模型的特点选择合适的求解方法，如原单纯形法、对偶单纯形法或内点法。然后再求解优化模型，分析输出计算结果。LINDO 提供了两种使用界面：①在人机交互状态下使用，即在 LINDO 的编辑器中直接输入优化问题模型，编译求解。②内嵌于基于某些高级语言开发的程序中，即通过一些 LINDO 软件提供的 API 接口实现程序对 LINDO 的调用。

通过 API 接口实现程序对 LINDO 软件的调用，求解式（7-16）所描述的优化问题，从而确定各时段各机组的最优出力水平。LINDO API 在求解基于上层算法所产生检修时段的程序中的应用如图 7-3 所示。

图 7-3 中调用 LINDO API 的各步骤的说明如下：

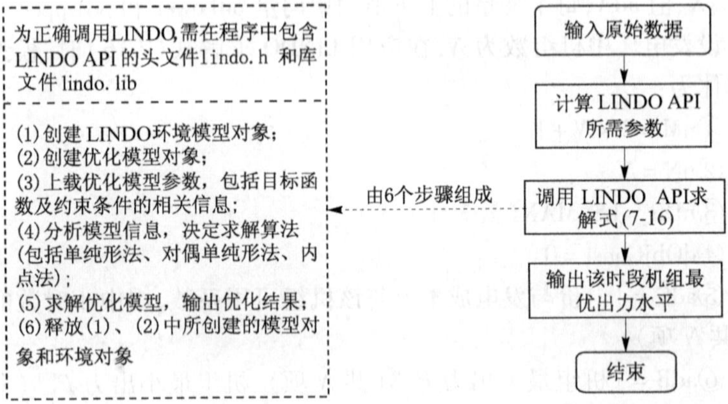

图 7-3　应用 LINDO API 求解各时段机组出力水平

(1)创建 LINDO 环境对象的函数为:

pLSenv pEnv; // pLSenv 是在 lindo. h 中定义的数据类型

pEnv = LScreateEnv (&nErrorcode, MY_LICENSE_KEY);

APIERRORCHECK;

(2)创建优化模型对象的函数为:

pLSmodel pModel; // pLSmodel 是在 lindo. h 中定义的数据类型

pModel = LScreateModel (pEnv, &nErrorCode);

APIERRORCHECK;

(3)上载模型参数信息函数:

nErrorCode = LSloadLPData (pModel, nM, nN, nDir, dObjConst, adC, adB, acConTypes, nNZ, anBegCol, pnLenCol, adA, anRowX, pdLower, pdUpper);

APIERRORCHECK;

这些参数具体内容为:约束数 nM,变量数 nN,优化类型 nDir(即求最大值还是最小值),目标函数中的常数值 dObjConst,目标函数中每个变量的系数所组成的向量 adC,约束方程的右边常数所组成的向量 adB,由每个约束的类型(L 小于、E 等于、G 大于)所组成的向量 acConTypes,约束矩阵中非零元个数 nNZ、列索引信息 anBegCol、行索引信息

anRowX、值 adA，每个变量的上下值约束向量 pdLower 和 pdUpper。

设发电厂中机组数为 N，在应用 LINDO 求解式（7-16）时，模型参数具体为：

①nM = 2 × N + 1

②nN = N

③nDir = LS_MAX（最大化）

④dObjConst = 0

⑤adC = {电价与发电成本差与该机组可用系数、周中小时数的乘积（共 N 项）}

⑥adB = {机组最大出力 P_k^{max}（共 N 项）、机组最小出力 P_k^{min}（共 N 项）、该水电厂库存容量 C^{max}（1 项）}

⑦acConTypes = {'G'（共 N 项），'G'（共 N + 1 项）}

⑧nNZ、anBegCol、anRowX、adA 这些参数描述了右边约束矩阵的信息。nNZ 为约束矩阵中非零元素的个数，且 nNZ = N × 3；向量 adA 保存了约束矩阵中每个非零元的数值，且 adA = {1（共 N × 3 项）}；向量 anRowX 保存了每个非零元在约束矩阵中的行位置；向量 anBegCol 给出了每列第一个非零元在 adA 中的索引位置。

⑨pdLower = {LS_INFINITY（共 N 项）}

⑩pdUpper = {LS_INFINITY（共 N 项）}

形成上述参数后，通过 LSloadLPData（）函数即可向 LINDO 软件传递优化模型的全部信息。

（4）分析模型信息函数：

nErrorCode = LSoptimize（pModel，LS_METHOD_PSIMPLEX
或 LS_METHOD_BARRIER）

（5）求解模型函数：

LSgetObjective（pModel，&dObj）；//得到目标函数的最优值 dObj

nErrorCode = LsgetPrimalSolution（pModel，adX）；//变量的最优解 adX

APIERRORCHECK；

在这个模块中，在 APIERRORCHECK 之后可以输出所需要的优化结果，如目标函数最优值、变量的最优解。

(6)释放环境对象，同时也将它所包含的模型对象释放：

nErrorCode = LsdeleteEnv(pEnv)

通过对 LINDO API 求解过程的追踪及对问题结果的分析，该软件能正确地求解所给的优化模型。

根据上述分析，在求解检修规划模型时，基于所产生的各机组的检修规划(即遗传算法中的染色体)，首先调用 LINDO，针对每个停运计划求解下层问题即式(7-16)，确定在各时段的最优机组出力水平进而计算各个个体所对应的效益水平，然后将其返回上层子问题，利用式(7-4)便可评估不同个体所对应的检修计划的优劣程度，并利用遗传算法模块确定下一代，依次迭代直至获得满意解。

第 8 章　优化检修策略的应用

小浪底水力发电厂共有 6 台 300 MW 混流式水轮发电机组,总容量为 1 800 MW。目前,整个电厂的机组检修计划还是以传统的计划检修为主,不过也安装了部分监测设备以实时监测机组运行状态,包括常规监测系统、汽蚀监测系统、磨损监测系统、主变压器色谱在线分析仪、发电机局放监测系统和振摆度监测系统等。下面以小浪底 6 台水电机组为例,基于其所安装的状态监测设备,说明本文所提的融状态检修和计划检修于一体的优化检修模型,首先简单介绍已有的状态监测系统,然后以第一周为例分析检修规划情况。

8.1　状态监测系统

小浪底水力发电厂状态监测系统是建立在完善的计算机监控系统和 MIS 系统基础之上的,加上现场的各个子系统,构成了完整的状态监测系统。计算机监控系统包含 15 000 个左右的开入开出点,涉及全厂各个系统,实现了完全的远方监视与控制。MIS 系统作为生产管理系统,与计算机监控系统相连,可以监视机组主要信号,不具有控制功能。MIS 系统主要完成运行日志编写、两票、物资、安全、技术等各方面的管理。目前小浪底水力发电厂主要监测子系统包括水力测量系统、机组(温度、流量、振摆度)测量系统、效率 - 汽蚀在线监测系统、主变油色谱在线监测系统、条码巡检系统等。

经过几年的不断完善,小浪底水力发电厂状态监测系统水平得到进一步提高,各子系统在电厂状态检修过程中发挥了重要作用,有力提高了设备检修质量。

8.1.1　水力测量系统

8.1.1.1　全厂性测量

(1)上下游水位测量,有采用液位变送器和超声波测水位两种方法。

(2)水库水温,在进水塔前水库采用 7151 - 2B 型半导体深水温度计测量。

8.1.1.2 **机组段测量**

(1)过机含沙量的测量,在尾闸室取水样进行测量。特别是上游如果来含沙量较大的洪水或者在调水调沙后期异重流到来时,测量频率需要加大。同时,含沙量还作为蜗壳供水和清水供水方式倒换的依据,也可供研究机组磨损时参考。

(2)机组净水头测量,在蜗壳进口断面和尾水管出口断面分别埋设测压管,将信号送至120层操作廊道,通过压差测量出机组净水头,也叫水轮机工作水头。

(3)机组上导轴承、下导轴承、推力轴承和水导轴承以及空冷器等部位技术供水的水压、流量和温度的测量。

(4)机组流量测量,土建时预埋传感器,利用水锤法测流管道进行测量。

(5)拦污栅前后压差测量,采用液位式变送器将压差信号送到中控室计算机监控系统。拦污栅位于进水塔发电洞进口处,拦污栅的作用主要是阻止生活垃圾、杂草、树木等异物进入压力钢管,防止其进入水轮机等水力机械的内部,对水力机械造成损坏,从而影响机组的正常运行。

(6)机组段测量还需要测量以下参数:基础环压力、锥管进出口压力、尾水肘管内外侧压力和蜗壳末端压力等,信号都由在其相应位置埋设测压管送至压力柜。

8.1.2 机组温度、振摆度测量系统

(1)机组温度测量均采用PT100进行测量,信号为4~20 mA,测量内容为:上导轴承、推力轴承、下导轴承和水导轴承轴瓦温度,上导轴承、推力轴承、下导轴承和水导轴承油槽油温,发电机空冷器冷风、热风和机坑温度,机组技术供水管道进出口水温,定子铁芯温度,定子线圈温度,转子温度,主变压器温度。

(2)机组各部振摆度测量采用美国Bentiy3300/3500型传感器,具体测量内容为:上导轴承X、Y方向摆度,下导轴承X、Y方向摆度,水导轴承X、Y方向摆度,上机架径向振动,下机架轴向振动,下机架径向振动,定子铁芯径向、轴向振动,定子机架径向、轴向振动,顶盖水平、垂直振动,尾水锥管振动。

8.1.3 HRS 效率－汽蚀在线监测系统

效率－汽蚀在线监测系统是基于美国 HRS 公司所研制的 waterview2000 系统的局部功能开发而成的。原系统由安装在每台机组水轮机层的效率柜和单独的测量系统组成，在每个效率柜内安装有一套 Allen-Bradley PLC，用于计算水轮机净水头、流量、汽蚀百分比和水轮机效率等参数。改进后的 HRS 效率－汽蚀在线监测系统由 AB 公司触摸屏式工控机和效率测量柜通过 Allen-Bradley DH485 通信接口模块(1747－AIC)组成 DH485 网络，如图 8-1 所示。利用每台 PLC 机架原有的空余插槽安装一块 AB 公司的 BASIC 模块。该 BASIC 模块以小浪底水轮机原型特性曲线为基础按直线插值法计算水轮机的流量，并始终保持与 PLC 主处理器通信，以保证计算不同负荷/水头下的过机流量。作为备用，在 Winter-Kennedy 流量测量系统失效时，将采用 BASIC 模块的流量计算水轮机效率，并将实时数据显示在效率柜仪表盘上。

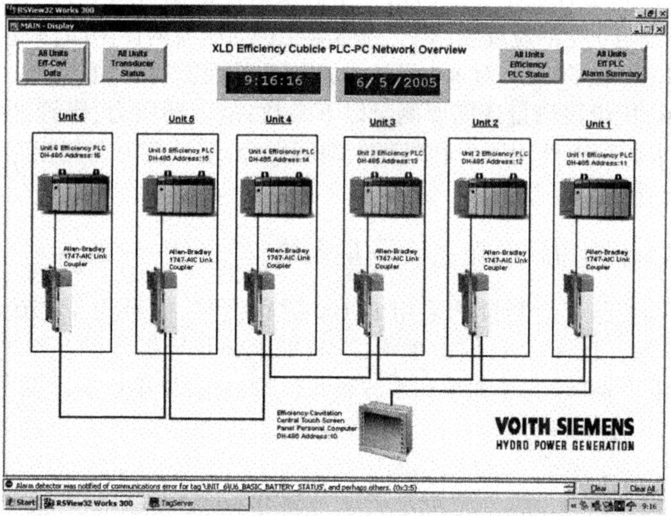

图 8-1　小浪底效率－汽蚀在线监测系统

通过该检测系统的在线监测，可以获取实时的机组空化与能量状态，可以分析并判断机组汽蚀是否发生和水轮机的效率状态，并在综合分析后提供机组能量特性和汽蚀发展趋势。

8.1.4 主变压器油色谱在线监测系统

在现代电力工业的设备运行和维护中，要求在电厂或电站运行的关键设备安装专门的检测设备。譬如变压器就需要持续关注故障气体、微水含量、局部放电和绕组变形等多种项目的变化情况。为此，小浪底水力发电厂主变压器安装了英国 Kelman 公司生产的 Transfix 型在线式油中溶解气体分析系统，重点对变压器进行故障气体、微水含量在线测量，其现场安装图如图 8-2 所示。

图 8-2 Transfix 现场安装图

该系统内部模块如图 8-3 所示，其工作流程为：首先把油样通过油泵打入脱气模块，经过脱气模块脱气后得到的气样送入光声光谱模块。光声光谱模块处理后再将得到的电信号传送给高精度 ADC。CPU 在控制系统工作的同时，将获得的数字信号进行温度补偿，对数据进行修正，修正后的数据存放于数据存储模块。当主机进行通信时，将数据传送给主机，并显示结果。

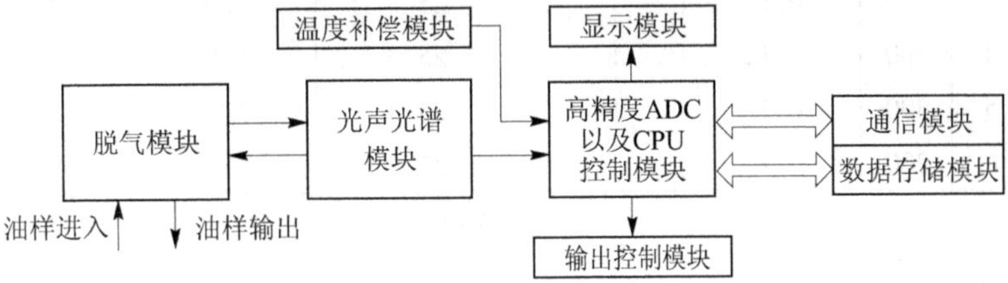

图 8-3 Transfix 型在线式油中溶解气体分析系统内部模块图

以上主要就当前小浪底水力发电厂所安装的监测系统进行了简单说明，由于监测设备安装不全，根据其只可获得部分元件的运行情况，并不能准确判断整个机组的运行情况，建议该厂根据实际运行情况，逐步完善监测设备，真正实现机组的优化运行，确保所有机组的安全、可靠运行及整个电厂的经济效益最优。

8.2 小浪底水电机组优化检修规划应用

由本文所提的优化检修模型可知，在规划期内的各时段都要进行计划检修计算，并根据所得计算结果及上时段所检测的信息，判断各机组是否需要停运检修，并修改以后时段计划检修模型中的约束条件，从而确定最终检修计划。

以小浪底水力发电厂共 6 台机组在第一周内的检修为例进行说明，其中在该年度内要求有 1 台机组大修，另外 5 台机组上下半年各小修一次，根据预防性检修理论，检修完毕后发电机组修复如新，由于检修内容不同，检修所需时间也不同，大修所需时间为 10 周，小修所需时间为 1 周，其他参数如表 8-1 所示。

表 8-1　各机组的基本参数

基本参数						
机组编号	容量(MW)	发电成本(元/(kW·h))	检修所需时段(周)	检修成本($\times10^4$ 元/台×周)	期望更新费用($\times10^4$ 元/台)	距上次大修时间(周)
1	300	0.12	10	12.5	500	210
2	300	0.12	1	25	500	160
3	300	0.12	1	25	500	140
4	300	0.12	1	25	500	120
5	300	0.12	1	25	500	79
6	300	0.12	1	25	500	34

失效参数				
机组编号	E_0	T_c	T_w	α
1	0.062	17	190	0.006 578
2	0.031	18	185	0.000 805
3	0.061 5	23	180	0.001 72
4	0.008 2	13	173	0.001 71
5	0.001 6	12	150	0.000 6
6	0.000 8	16	140	0.000 13

应指出的是，由于当前仅有部分监测设备投入运行之中，本节中各机组失效参数为假定值，若未来投入的监测设备足够丰富，则可按照本文方法确定机组的失效系数。当第一台机组处于大修时，则只允许有一台机组处于小修时段，而每个时段只允许有一台机组处于小修，这主要是由于大修是由专门的检修公司进行处理的，而小修则是由本厂人员完成的。此外，为了充分利用水能、避免资源浪费，水电机组应尽可能安排在来水量较小时段检修，在来水量较大时保持其运行。根据小浪底水电厂水量的实际情况，对于机组大修，其时段应限制在 1 ~ 17 周（即1 ~ 4 月）和 39 ~ 52 周（即 10 ~ 12 月），对于机组小修，其时段应限制在 1 ~ 21 周（即 1 ~ 5 月）和 36 ~ 52 周（即 9 ~ 12 月），在其他时段均要求其运行。

为了说明市场电价对机组检修规划的影响，本书采用如图 8-4 所示的某市场周均电价水平。应指出的是，根据本文所给的优化检修模型，若在以后其他周进行规划计算，则所用的电价水平应相应延长至下一年。同时需要说明的是，由于缺乏实际监测数据，对于各机组故障停机风险函数中的参数由作者假定，同时假定在本时段根据监测设备所

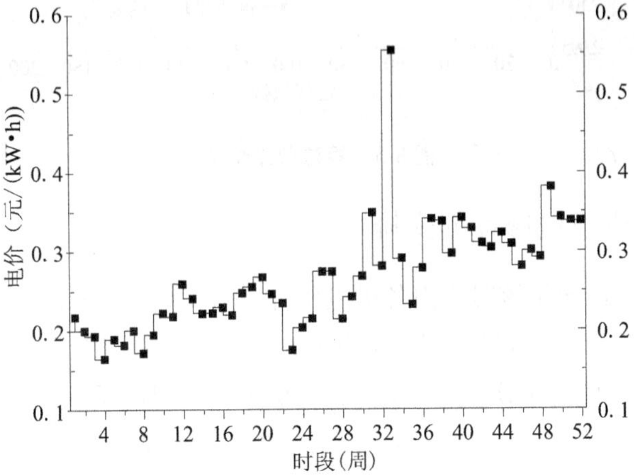

图 8-4　规划期内的电价水平

得到的机组运行状态判断，各机组均不需进行状态检修。

下面利用第 7 章所提规划模型确定第 1 周时各机组的规划检修时段，其中遗传算法共计算 300 代，每代中个体数为 50，交叉率为 0.8，代差为 0.9，初始变异率为 0.02，当最优个体数在总个体数中所占比例超过 60% 时，变异率提高至 0.06。计算结果表明，经过遗传算法 200 代计算，最优适应度值和平均适应度值均趋于收敛，如图8-5所示。

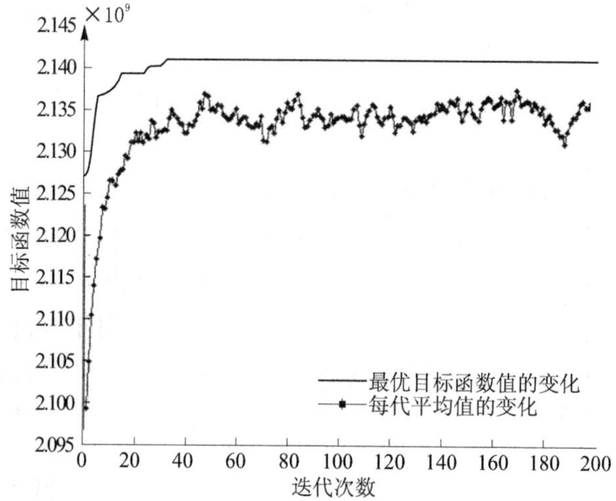

图 8-5　算法收敛情况

8.2.1　机组检修计划安排

表 8-2 给出了该时段内各机组所对应的大修、小修计划安排，效益水平，风险损失及检修费用。可以看出，机组 1 被安排在 1～10 周，主要是由于其距离上次大修时间较长，机组停机风险系数较大，且前 10 周电价水平较低，综合各种因素后，该机组被安排在第 1 周检修，根据本文优化模型，将从第 1 周开始对其进行大修，而其他机组的检修时段应在以后各时段根据该优化检修模型确定。

表 8-2　机组检修时段安排及发电厂商的效益/成本分析

机组编号	检修安排		备注	效益水平			
	开始时段(周)	结束时段(周)		经济效益(元)	售电利润(元)	风险损失(元)	检修费用(元)
1	1	10	大修	2.14×10^{9}	2.18×10^{9}	2.62×10^{7}	1.5×10^{7}
2	6	6	上半年小修				
3	8	8					
4	4	4					
5	3	3					
6	5	5					
2	43	43	下半年小修				
3	39	39					
4	36	36					
5	37	37					
6	46	46					

8.2.2　检修计划对小浪底水力发电厂成本/效益的影响

下面依次讨论该检修计划对小浪底水力发电厂的机组可用出力水平、售电效益、风险损失、检修费用的影响。

8.2.2.1　机组可用出力水平

本文仅从发电厂商经济效益最优的角度，分析规划期内各时段的机组出力分配情况。图 8-6 给出发电厂商在各时段期望机组可用出力水平。从该图可以看出，由于考虑了机组故障停机风险系数水平，各时段出力水平期望值均低于其可用的总出力水平，且呈现波动变化；同时由于机组在检修停运时段不能正常出力，因此这些时段总出力水平也会有所降低，如机组 1 检修的第 1 周至第 3 周，同时由于在时段 4、8 机组 3、4 分别处于小修状态，故总出力进一步降低。

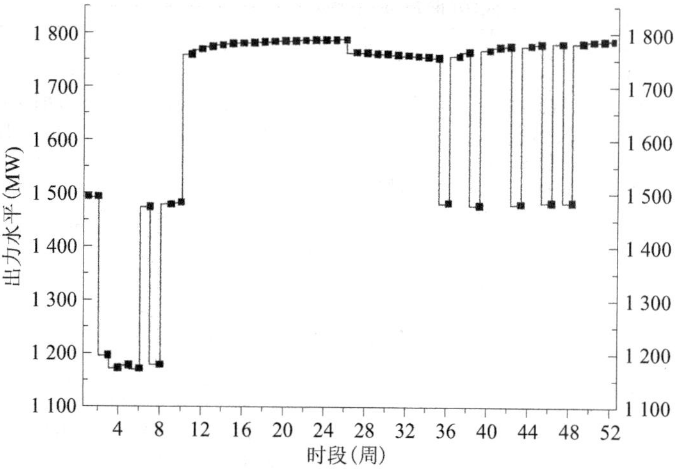

图 8-6　规划期内机组出力水平

8.2.2.2　发电厂商售电效益

图 8-7 给出了小浪底电厂在各时段售电效益变化情况，与电价水平、发电成本、各机组检修计划、机组故障停机风险相关。分析该图可知，其售电效益波动情况与电价变化情况基本一致，此时水电厂为了取得较大的经济效益，必然在确保其机组可靠运行的前提下，尽可能将其机组安排至低电价时段检修以取得较大的售电效益，可从其具体检修计划中得到印证，此时可保证水电厂在高电价时段获得较大的售电效益，见图 8-7 中的 31 ~ 34 周。

8.2.2.3　发电厂商风险损失费用

图 8-8 给出了该发电厂商在各时段总的风险损失费用水平，为各机组风险费用之和，与其故障风险系数、期望更新价值相关。从图 8-8 可以看出，在初始阶段由于机组 1 投入检修，而其他机组故障停机风险水平较低，总风险损失变化较平稳，而在第 11 周风险损失突然增大，主要由于机组 1 刚检修完毕，初始阶段其故障率水平较大，随着运行时间的增长进入偶然故障期，总风险损失逐渐降低，如第 11 周至第 26 周所示，而由于其他机组运行时间较长、故障率逐渐变高，总的风险损失费用处于波动阶段，如 25 ~ 35 周所示；从第 46 周开始，各机组均检修完

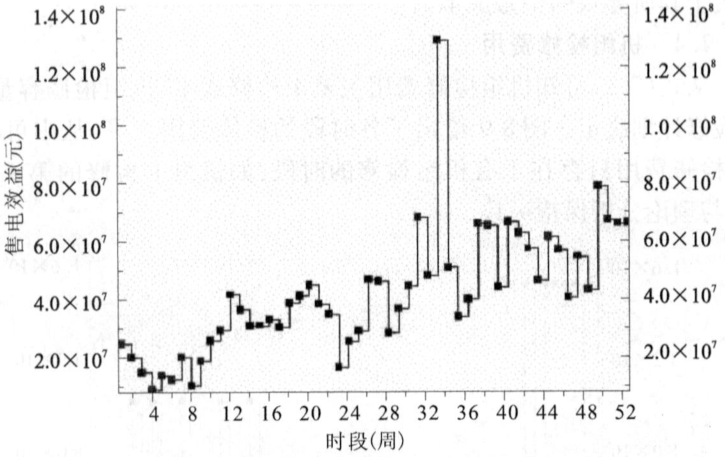

图 8-7　规划期内各时段的售电效益变化情况

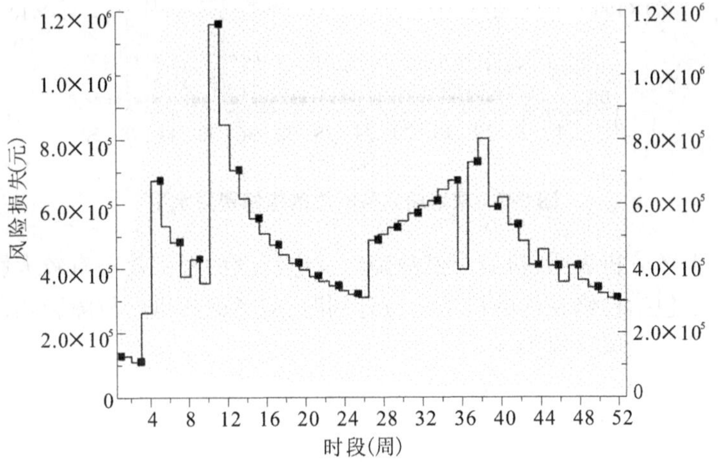

图 8-8　规划期内各时段的风险损失费用

毕投入运行，随运行时间增长、机组磨合完毕后，各机组故障风险逐渐降低，相应风险损失也随之减少并趋于稳定，从中也可以看出此时机组的总风险损失费用变化呈现浴盆曲线变化，符合本文所提的停机风险系数变化，主要原因在于式(7-2)中机组故障所引起的更新费用比例要远大于其所导致的检修成本。

8.2.2.4 机组检修费用

从式(7-3)可知机组检修费用主要由检修成本、机组检修容量、具体检修计划决定。图 8-9 给出了各时段的检修费用水平,从中可以看出,检修费用只存在于有机组检修的时段,如机组 1 检修的第 1 ~ 10 周,与理论分析保持一致。

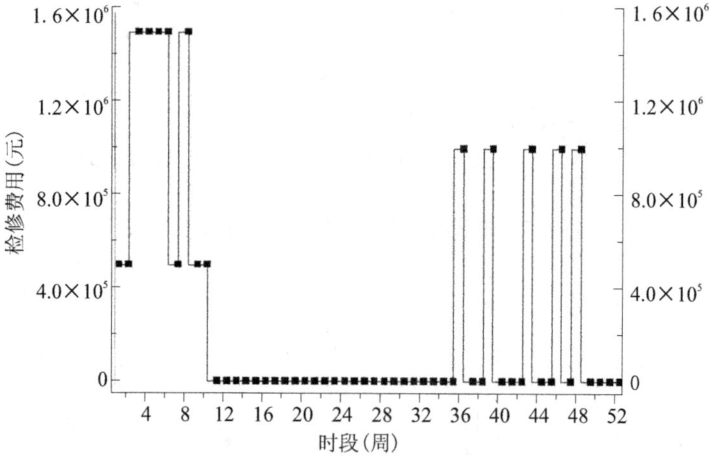

图 8-9 规划期内各时段的检修费用水平

上述分析表明,机组突然故障对发电厂商的经济效益有较大影响,在确定包括检修在内的机组运行计划时,应考虑各机组故障影响,否则将导致较大风险损失。

附　录

故障树中最小割集求解方法

对于给定的故障树而言，为了求解其顶事件发生的概率，引入了割集概念。割集也叫作截集或截止集，它是导致顶事件发生的基本事件的组合。也就是说，故障树中一组基本事件的发生，能够导致顶事件发生，该组基本事件就称之为割集。引起顶事件发生的基本事件的最低限度集合叫最小割集。通常可采用以下三种方法求解得到。

一、行列法

行列法是1972年福塞尔提出的方法，它的理论依据是："与门"使割集的容量增加，而不增加割集的数量；"或门"使割集的数量增加，而不增加割集的容量。这种方法是从顶事件开始，用下一层事件代替上一层事件，把"与门"连接的事件，按行横向排列；把"或门"连接的事件，按列纵向摆开。这样，逐层向下，直至各基本事件，列出若干行，最后利用布尔代数化简，就可得出若干最小割集。

为了说明这种计算方法，我们以图1所示的事故树为例，求其最小割集。

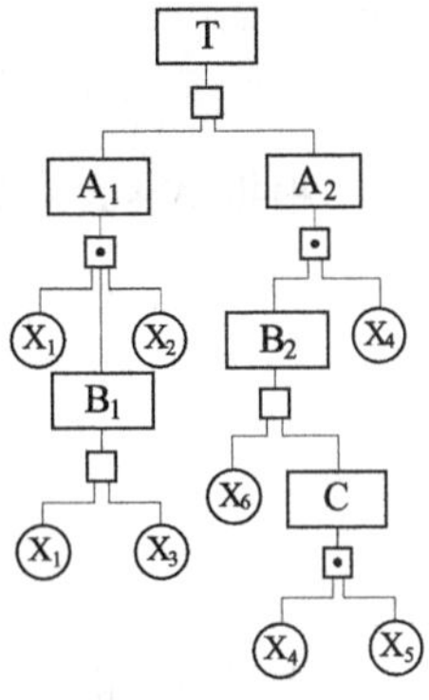

图1　故障树示意图

从图1可以看到，顶事件T与中间事件A_1、A_2通过"或门"连接，所以应成列摆开，即

$$T \xrightarrow{\text{或门}} \begin{matrix} A_1 \\ A_2 \end{matrix}$$

A_1、A_2与下一层事件B_1、B_2、X_1、X_2、X_4的连

接均为“与门”,所以成行排列,即

$$\begin{cases} A_1 \xrightarrow{\text{与门}} X_1 \cdot B_1 \cdot X_2 \\ A_2 \xrightarrow{\text{与门}} X_4 \cdot B_2 \end{cases}$$

下面依此类推:

$$\begin{cases} X_1 \cdot B_1 \cdot X_2 \xrightarrow{\text{或门}} \begin{cases} X_1 \cdot X_1 \cdot X_2 \\ X_1 \cdot X_3 \cdot X_2 \end{cases} \\ X_4 \cdot B_2 \xrightarrow{\text{或门}} \begin{cases} X_4 \cdot C \xrightarrow{\text{与门}} X_4 \cdot X_4 \cdot X_5 \\ X_4 \cdot X_6 \end{cases} \end{cases}$$

整理上式得

$$\begin{cases} X_1 \cdot X_1 \cdot X_2 \\ X_1 \cdot X_3 \cdot X_2 \\ X_4 \cdot X_4 \cdot X_5 \\ X_4 \cdot X_6 \end{cases}$$

对这四组集合用布尔代数化简,根据 $A \cdot A = A$,则 $X_1 \cdot X_1 = X_1$,$X_4 \cdot X_4 = X_4$,可得

$$\begin{cases} X_1 \cdot X_1 \cdot X_2 \\ X_1 \cdot X_3 \cdot X_2 \\ X_4 \cdot X_4 \cdot X_5 \\ X_4 \cdot X_6 \end{cases} \rightarrow \begin{cases} X_1 \cdot X_2 \\ X_1 \cdot X_3 \cdot X_2 \\ X_4 \cdot X_5 \\ X_4 \cdot X_6 \end{cases}$$

根据 $A + A \cdot B = A$,则 $X_1 \cdot X_2 + X_1 \cdot X_2 \cdot X_3 = X_1 \cdot X_2$,即得到

$$\begin{cases} X_1 \cdot X_1 \cdot X_2 \\ X_1 \cdot X_3 \cdot X_2 \\ X_4 \cdot X_4 \cdot X_5 \\ X_4 \cdot X_6 \end{cases} \rightarrow \begin{cases} X_1 \cdot X_2 \\ X_4 \cdot X_5 \\ X_4 \cdot X_6 \end{cases}$$

于是,就得到三个最小割集 $\{X_1, X_2\}$、$\{X_4, X_5\}$、$\{X_4, X_6\}$。按最小割集化简后的故障树,如图 2 所示。

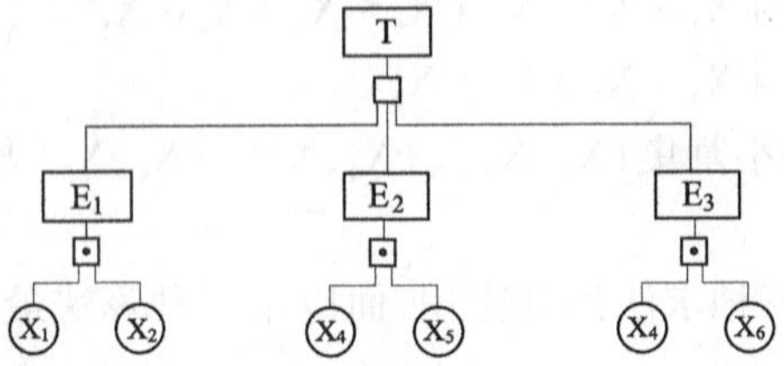

图 2　故障树等效图

二、结构法

这种方法的理论根据是:故障树的结构完全可以用最小割集来表示。下面再来分析图 1 所示的故障树示意图:

$$\begin{aligned}A_1 \cup A_2 &= (X_1 \cdot B_1 \cdot X_2) \cup (X_4 \cdot B_2)\\&= (X_1 \cdot (X_1 \cup X_3) \cdot X_2) \cup (X_4 \cdot (C \cup X_6))\\&= ((X_1 \cdot X_2) \cup (X_1 \cdot X_3 \cdot X_2)) \cup (X_4 \cdot ((X_4 \cdot X_5) \cup X_6))\\&= (X_1 \cdot X_2) \cup (X_1 \cdot X_2 \cdot X_3) \cup (X_4 \cdot X_4 \cdot X_5) \cup (X_4 \cdot X_6)\\&= (X_1 \cdot X_2) \cup (X_1 \cdot X_2 \cdot X_3) \cup (X_4 \cdot X_5) \cup (X_4 \cdot X_6)\\&= (X_1 \cdot X_2) \cup (X_4 \cdot X_5) \cup (X_4 \cdot X_6)\end{aligned}$$

这样,得到的三个最小割集$\{X_1, X_2\}$、$\{X_4, X_5\}$、$\{X_4, X_6\}$完全与上例用行列法得到的结果一致,说明这种方法是正确的。

三、布尔代数化简法

布尔代数化简法和结构法完全相似,所不同的只是“∪”与“+”的问题。实质上,布尔代数化简法中的“+”和结构式中的“∪”是一致的。这样,用布尔代数化简法就可最后求出的若干事件逻辑积的逻辑和,其中每个逻辑积就是最小割集。现在还以图 1 的故障树为例进行化简。

$$\begin{aligned}T &= A_1 + A_2 = X_1 \cdot B_1 \cdot X_2 + X_4 \cdot B_2\\&= X_1 \cdot (X_1 + X_3) \cdot X_2 + X_4 \cdot (C + X_6)\\&= X_1 \cdot X_1 \cdot X_2 + X_1 \cdot X_3 \cdot X_2 + X_4 \cdot (X_4 \cdot X_5 + X_6)\\&= X_1 \cdot X_2 + X_1 \cdot X_2 \cdot X_3 + X_4 \cdot X_4 \cdot X_5 + X_4 \cdot X_6\end{aligned}$$

$$= X_1 \cdot X_2 + X_1 \cdot X_2 \cdot X_3 + X_4 \cdot X_5 + X_4 \cdot X_6$$
$$= X_1 \cdot X_2 + X_4 \cdot X_5 + X_4 \cdot X_6$$

所得三个最小割集$\{X_1, X_2\}$、$\{X_4, X_5\}$、$\{X_4, X_6\}$与前两种算法的结果相同。

总的来说,三种求法都可应用,而以第三种算法最为简单,应用较为普遍。

参 考 文 献

[1] Cheung K W, Shamsollahi P, Sun D, et al. Energy and ancillary service dispatch for the Interim ISO New England electricity market[J]. IEEE Transactions on Power Systems, 2000, 15(3):968-974.

[2] Hesmondhalgh M. Is NETA the blueprint for wholesale electricity trading arrangements of the future?[J]. IEEE Transactions on Power Systems, 2003, 18(2): 548-554.

[3] Alvey T, Goodwin D, Ma X, et al. A security constrained bid-clearing system for New Zealand wholesale electricity market[J]. IEEE Transactions on Power Systems, 1998, 13(2): 340-346.

[4] 许婧,王晶,高峰,等.电力设备状态检修技术研究综述[J].电网技术,2000,24(8):48-52.

[5] 王锡凡.电力系统优化规划[M].北京:水利电力出版社,1990.

[6] Yamayee Z and Sidenblad K. A computationally efficient optimal maintenance scheduling method[J]. IEEE Transactions on Power Apparatus and Systems, 1983,102(2): 330-338.

[7] Kim H,Hayashi Y,Nara K. An algorithm for thermal unit maintenance scheduling through combined use of GA SA and TS[J]. IEEE Transactions on Power Systems, 1997, 12(1): 329-335.

[8] Huang K Y and Yang H T. Effective algorithm for handling constraints in generator maintenance scheduling[J]. IEE Generation, Transmission and Distribution, 2002, 149(3):274-282.

[9] Chattopahyay D,Bhattacharya K,Parikh J. A systems approach to least-cost maintenance scheduling for an interconnected power system[J]. IEEE Transactions on Power Systems, 1995, 10(4): 2002-2006.

[10] Chattopadhyay D. A practical maintenance scheduling program: mathematical model and case study[J]. IEEE Transactions on Power Systems, 1998,13(4): 1475-1480.

[11] Silva E L,Schilling M T,Rafael M C. Generation maintenance scheduling consid-

ering transmission constraints[J]. IEEE Transactions on Power Systems, 2000, 15(2):838-843.

[12] 王健,文福拴,杨仁刚,等.电力市场环境下发电机组的最优检修策略初探[J].电网技术,2004,28(10):23-27.

[13] Tabari N M, Mahmoudi S N, Hassanpour S A, et al. Improvement of Gencos' maintenace schedule in a deregulted power system[C]// Power System Technology, 2004. PowerCon 2004. 2004 International Conference on. IEEE, 2004, 2: 1722-1727.

[14] Burke E K, Smith A J. Hybrid evolutionary techniques for the maintenance scheduling problem[J]. IEEE Transactions On Power System, 2000, 15(1):122-128.

[15] Leou R C. A flexible unit maintenance scheduling considering uncertainties[J]. IEEE Transactions on Power Systems, 2001, 16(3): 552-559.

[16] 冯永青,丁明.电力市场环境下的发电机组检修计划[J].电力系统自动化. 2001,24(18):20-23.

[17] LeitedaSilva A M, Anders G J, Manso L A F. Generator maintenance scheduling to maximizereliability and revenue[C]// Power Tech Proceedings, 2001 IEEE Porto. IEEE, 2001, vol. 4:4-6.

[18] 全宏兴,刘俊勇.电力市场下火电厂机组检修计划的研究[J].电力系统自动化,2002,26(14):35-38.

[19] Conejo A J, Bertrand R G, Salazar M D. Generation maintenance scheduling in restructured power system[J]. IEEE Transactions on Power System, 2005, 20(2): 984-992.

[20] Chattopadhyay D. Life-cycle maintenance management of generating units in a competitive environment[J]. IEEE Transactions on Power System, 2004, 19(2): 1181-1189.

[21] 冯长有,王锡凡.电力市场下发电机组计划检修模型[J].电力系统自动化,2007,31(5):97-104.

[22] 曹龙汉.柴油机智能化故障诊断技术[M].北京:国防工业出版社,2005.

[23] 牛明忠,王保华,王桂亮.设备故障的振动识别方法与实例[M].北京:冶金工业出版社,1995.

[24] Sugeno M, Kang G T. Structure identification of fuzzy model[J]. Fuzzy sets and Systems, 1998, 28:15-33.

[25] Burrel P, Inman D. An expert system for the analysis of faults in an electricity supply network: problems and achievements[J]. Computers in Industry, 1998, 37: 113-123.

[26] 刘晓波,黄其柏,黄开启.基于框架式规则的水轮机组故障诊断专家系统研究[J].水力发电,2005,31(12):50-53.

[27] 胡建兵.基于GSM平台的水轮机机械振动故障诊断模糊专家系统[D].成都:西华大学,2004.

[28] 赵辉.水轮机故障诊断系统[D].武汉:华中科技大学,2003.

[29] 刘晓波,黄其柏.水轮发电机组故障诊断模糊专家系统研究[J].华中科技大学学报:自然科学版,2006,34(1):71-73.

[30] Sorsa T, Heikki N, Koivo N. Application of artificial neural networks in process fault diagnosis[J]. Automatica, 1993, 29(4):843-849.

[31] 李国正,王猛,曾华军,译.支持向量机导论[M].北京:电子工业出版社,2005.

[32] 尉询楷,陆波,汪诚,等.支持向量机在航空发动机故障诊断中的应用[J].航空动力学报,2004,19(6):844-849.

[33] 武华锋,李著信,伍建林,等.基于支持向量机的柴油机排气阀智能故障诊断研究[J].内燃机学报,2006,24(5):465-469.

[34] 张周锁,李凌均,何正嘉.基于支持向量机的机械故障诊断方法研究[J].西安交通大学学报,2002,36(12):1303-1306.

[35] 彭文季,罗兴锜.基于粗糙集和支持向量机的水电机组振动故障诊断研究[J].电工技术学报,2006,21(10):117-122.

[36] 李凌均,张周锁,何正嘉.基于支持向量数据描述的机械故障诊断研究[J].西安交通大学学报,2003,37(9):910-913.

[37] 黄文涛,赵学增,王伟杰,等.汽轮发电机组振动故障诊断的粗糙集模型[J].电力系统自动化,2004,28(51):80-85.

[38] 毕天姝,倪以信,吴复立,等.基于混合神经网络和遗传算法的故障诊断系统[J].现代电力,2005,22(1):31-36.

[39] 洪治,李国宏,蔡维由,等.基于小波包分析的水轮发电机组振动的故障诊断[J].武汉大学学报:工学版,2002,35(1):65-68.

[40] 黄宗碧,周舒梅,张兆春,等.水电机组状态监测系统在宝珠寺电厂的应用[J].水电厂自动化,2001,83(3):80-83.

[41] 冯艳蓉.丰满水电机组状态检修[J].水力发电学报,2000,68(1):101-107.

[42] 金星.工程系统可靠性数值分析方法[M].北京:国防工业出版社,2002.

[43] 林礼清. 水口水电厂状态监测技术与诊断分析系统[J]. 水电厂自动化, 2006,109(4):137-144.

[44] 刘万景. 水电机组状态监测[J]. 水电厂自动化,1999,72(3):63-68.

[45] 刘晓亭. 水电机组运行设备状态检修的实施及关键技术[J]. 湖北水利水电技术,2003,53(4):37-40.

[46] 吴建春,姜方红. 水轮发电机组在线监测及分析诊断系统建设初探[J]. 水电厂自动化,2002,86(1):32-37.

[47] 唐卫平. 水电机组状态监测系统的设计及应用探讨[J]. 水电站机电技术, 2003,3:26-30.

[48] Wu L,Shahidehpour S M,Li T. GENCO's risk-based maintenance outage scheduling [J]. IEEE Transations on Power Systems, 2008, 23(1): 127-136.

[49] Feng C, Wang X, Li F. Optimal maintenance scheduling of power producers consideringunexpected unit failure[J]. IET qeneration, transmission & distribution, 2009, 3(5):460-471.

[50] 王健,文福拴,杨仁刚. 基于机会约束规划的发电公司最优检修策略[J]. 电力系统自动化,2004,28(19):27-31.

[51] 冯长有,王锡凡,王建学,等. 市场环境下机组检修新策略[J]. 中国电机工程学报,2008,28(13):106-113.

[52] 孟凡强,许克明,王亮,等. 电力市场下的发电机组状态检修[J]. 电力系统自动化,2004,28(17):41-44.

[53] 贾德香,程浩忠,严健勇,等. 基于博弈论的发电公司检修决策[J]. 电力系统自动化,2007,31(1):27-32.

[54] Feng C Y, Wang X F,Li F R. Optimal maintenance scheduling of power producers considering unexpected unit failures[J]. IET Generation, Transmission and Distribution, 2009, 3(5):448-459.

[55] 王栎涛. 电厂发电设备状态检修的研究[D]. 济南:山东大学,2006.

[56] 张显,王锡凡,王建学,等. 可中断电力合同中新型期权的定价[J]. 中国电机工程学报,2004,24(12):18-23.